地球温暖化、北極危機、そして神々の気配

山口克也／著
山口総合政策研究所 所長

はじめに

私は、**令和2年1月1日のＮＨＫスペシャル**を真剣に見ていました。ＮＨＫが市民の皆さんに、地球温暖化の現状についてどのように伝えるかは、この問題を研究してきた私にとっては重大なことでした。欧米世界と比較して、明らかに少ない日本における温暖化についての報道、特に、どのような方法で温暖化と闘うのかについての情報は、この国では市民に十分に伝わっていません。**温暖化の被害がここまで巨大になってきている時代に、国民に情報を与えないで、協力を求めないで、この問題を乗り越えることができるはずがありません。**しかしながら、この番組は後で述べるように、かなり不十分なものでした。その時まで私には、この本を出すことについて迷いがありました。この本には、**一般の皆さんのこれまでの理解を越える事実**もたくさん含まれています。それを伝えるべきか否か、あるいは私にその資格があるのか否か、かなりの迷いがありました。

しかしながら、この番組を見ながら、自分の心に沸き上がってきた感情は、地球温暖化を研究してきた私にとっても意外な、非常にネガティブなものでした。**崩壊する地球、解決できない地球温暖化問題について、もう見たくない、もう知りたくない、という感覚**だったのです。その感覚はおそらく**多くの日本の視聴者が感じたものだった**でしょう。そこで私は決心しました。**この感覚は良くない、このような心持では私たちは地球温暖化を克服できない。そこで私は地球温暖化について、**

「多くの人々が地球温暖化の克服のために考えられないほどの努力を積み重ねてきたこと、地球温暖化を逆転できる多くの科学技術やシステムがあり、その一部はすでに大規模に実現していること、そしてその人間の生き延びようとする努力を温かく見つめ、支えてくれている存在があること」

を、皆さんにお伝えしなくてはならないと強く強く感じたのです。

私は、昨年の大阪G20サミット諸宗教者会議において、世界の諸宗教の代表者の方々の前で、人類が行うべき地球温暖化対策について進講させていただいた者です。その難しい呼びかけを行う責任があると感じました。

実は、現在の地球温暖化危機は、大きく二つの層の問題から発生しています。**第一層は、人間が排出した温室効果ガスにより、大気や海洋の温度が上がって発生している問題**です。これに関しては、化石エネルギーを再生可能エネルギーに切り替え、鉄やセメントなどの製造法を変え、ガソリン車をEVに変え、など、私たちの周りですでに始まっている転換を力強く行えば、なんとか２０５０年に設定されているタイムリミットまでに解決できる問題だと思います。私はこの部分について皆さまに納得していただくために、この本の1〜7章を割きました。しかしながら、皆様がいま気づいておられる、予想されていなかった速度の気候の変化は、実は第二層の温暖化危機から来ているのではないか、と私は危惧しています。

その**第二層の危機とは、実は北極の温暖化が原因となって起こる、二次的な温暖化被害**なのです。

北極海の氷が解け、海が黒くなって太陽光を吸収して温かくなり、北極圏の雪もより早く解けるようになって、そこもまた、太陽光を吸収して早く温かくなります。**ここから発生する急激な温暖化、気候変動が、私の言う北極危機（ホットアース問題と重なる）なのです。**この部分については、過去から警鐘は鳴らされていましたが、人類が具体的な対策を取れずにいました。私は、この第二の問題点に対してベーリング海峡ダムという手法が役に立つのではないかと考えています。

ベーリング海峡に南の太平洋から流れ込んでいる温かい海水を止め、かつてのように、北極海に海氷を張り詰めるのです。このベーリング海峡を流れる海水については、学術誌『Nature』に掲載された論文などをもとに詳しく検討します。

一方、私は、**このベーリング海峡について調べているうちに、この場所が、神々によって特別な印が書き込まれている場所であることを発見しました。この場所が、この星にとって特別な場所であることが明確に刻印されていたのです。**

しかしながら、ベーリング海峡のこの特別な刻印は、私たちに、ここにダムをつくって、この星の気温を調節しろと、明示的に示しているわけではありません。この本においても、皆さまにこの刻印の存在についてお示しをしたうえで、この神の刻印の意味をどのように理解するかは、この本を読まれる皆さま自身で、私とともに考えていただきたいと思います。

私は、「北極危機」を知った時、人類の未来には可能性が残されていないと感じました。しかしながら、北極が特殊な地形をしており、そこにベーリング海峡があったからこそ「この場所にダムをつくると、この星の気温が調節できる」と考えることができたのです。そして、このような地形は、もしかしたら神々が我々のために用意してくれていたのかもしれない、と感じました。私がそこに刻印を見つけたのは、そのずっと後のことでした。

そして、北極海の地形とベーリング海峡の現状、そして神々の刻印を見たうえで、「ここにダムをつくれば、地球の気温がコントロールできる」と判断するのは人間ですし、ダム建設は人類が心を一つにして行わなければ決して成し遂げられない大事業です。この意味で、神々は私たちに可能性を与えてくれていますが、その可能性をつかみ、地球の気温のコントロールという果実を手にすることができるかは、人間の意志と努力に委ねられていると言わざるを得ません。

私はできるだけ丁寧に、前半を書きました。**第一層目の温暖化危機は、なんとか人類が乗り越えそうだ、**ということはしっかりと示せたつもりです。**我々は、人類がこの第一層目の問題を乗り越えようとしていることに自信をもって、同時にこの第二層目の問題に取り組まなくてはなりません。**

地球温暖化を人類が克服し、地球のすべての生命に明るい未来が訪れることを祈りつつ。

2020年8月

山口総合政策研究所　所長　山口克也

目次

第2章 産業の脱炭素化は可能か？

第3章 日本の温暖化対策、エネルギー政策の現状

第4章 世界の温暖化対策、エネルギー政策の現状

第5章 世界みどり公社の必要性

第6章 世界みどり公社が果たす役割

第7章

世界の再生可能エネルギー拡大と電力グリッド

第8章

ベーリング海峡ダムの決定的な重要性

第9章

神がベーリング海峡を指し示している

第1章

強く認識されるようになった温暖化の恐怖

この本の最初に、２０１９年を中心に、地球温暖化について世界や日本でどのような報道がなされたのかについてまとめておきます。

２０１９年　地球温暖化に関連する海外からのニュース

●国連は9月22日、気候行動サミットに先立ち、世界の平均気温に関する報告書を公表した。それによると、**２０１５～１９年の５年間の世界の平均気温は観測史上最高**を記録する見通しとなった。報告書は、**この５年間の気温が産業革命前の１８５０～１９００年に比べ１・１℃上昇したほか、２０１１～１５年の５年間よりも０・２℃上がった**と推計。**二酸化炭素の排出量**は減るどころか**２０１８年に前年より２％上昇**し、**過去最高**の３７０億トンを記録したとしている。

●世界気象機関（ＷＭＯ）は11月25日、代表的な温室効果ガスである**二酸化炭素の世界平均濃度**が２０１８年は４０７・８ｐｐｍとなり、**観測史上最高**を更新したと発表した。CO_2濃度はＷＭＯが１９８４年に解析を開始して以降、毎年上昇を続けており、17年も過去最高を更新していた。他の主な温室効果ガスでは**メタン、一酸化二窒素の濃度も史上最高**を更新した。

●米海洋大気局（ＮＯＡＡ）は、ＮＯＡＡの観測記録に基づく米雪氷データセンターの分析によると、北極圏の海面上にある**氷の面積**が7月、１９８１～２０１０年の平均を19・8％下回り、**観測史上で最小**を更新。南極圏の海面上の氷も同４・３％下回り、41年ぶりの小ささであったことを発表した。

●**フランス南部**ガラルグルモンテュで6月28日、**気温が国内観測史上最高の45・9℃**を記録した。暑さで約4000校が休校となり、熱で線路が膨張したため、国鉄は一部区域で電車の速度を落として運行している。

●9月に発生した**オーストラリアの山火事**は何カ月にもわたって燃え広がり、多くの地域で非常事態に陥っている。**年末の時点で炎は約5万7000平方キロの土地を焦がし、**約5億頭の動物を殺し、数十万人を避難させた。火災の規模は、2019年のアマゾン火災の規模の2倍に達している。

アメリカやインドネシアでも山火事が続いていますし、日本でも、2018、2019年と続いた強力な台風の上陸により、**国民のほとんどが地球温暖化による災害の激甚化を思い知った**と思われます。

2019年　地球温暖化に関連するNHKのニュース

このように地球温暖化の深刻化に関するニュースが刻々と入り、日本国内でも気象災害が連続する中、**地球温暖化の原因や対策の進捗に関して、日本国内の地上波でどのように報じられていたのでしょうか。「深刻化している」という報道だけでなく、「なぜそうなって、どうすればいいか」を報道しようとすれば、「報道特集」が必要なのですが、日本ではNHK以外に集中した報道を行った形跡は**

見つかりませんでした。時系列的に見ていきます。

●2019年5月20日　BS1（キャッチ　世界のトップニュース）

パリ協定、日本の『長期戦略』案について触れながら、ハーバード大学のデイビッド・キース教授が、大気中の二酸化炭素を吸収して燃料をつくる方法や、成層圏に二酸化硫黄を散布するなど、**ジオエンジニアリングによる地球温暖化の抑制を研究**していると報告。

それに対し、東京大学の高村ゆかり教授が、次のようにコメントしている。「最近、温暖化の影響が生存に関わる次元の危機と受け止められており、このような研究の必要性もあるといわれている」

●2019年8月8日　NHK総合（ニュースウォッチ9）

IPCC特別報告書「気候変動と陸地」が発行された。陸地においては世界気温の平均よりも2倍近く温度が上昇しており、熱波、干ばつ、豪雨の頻度が増し、多くの国で食料の供給が不安定になり、フランスの農家でも今世紀末には農業が難しくなるという声が出ている。

●2019年8月26日　BS1（キャッチ　世界のトップニュース）

シンガポールでは、10年で2・5℃、世界の平均気温の上昇の2倍のペースで気温が上昇しており、対応に追われている。シンガポール政府は、『持続可能な未来のために今日行動しよう』と名付けたアクションプランを公表し、電力消費を2020年までに2013年度比15％削減、5年間で温暖化対策に500億円の予算、海面上昇に備えた対策などを行おうとしている。

●2019年9月17日　NHK総合（ニュースウォッチ9）

アマゾンで２０１９年に入ってから、昨年の同じ時期の１・５倍にあたる、およそ10万件の火災が発生。１分間にサッカー場１・５個分の森が燃えるスピードで、すでに日本の九州より広い熱帯雨林が焼失した。火災は森林を通る道路に沿って集中しており、畜産農家などが、違法にガソリンなどをまいて森林に放火しているとみられている。ブラジルのボルソナロ大統領は、「国土の半分以上を保護区域にしているなんて耐えられない、経済発展の妨げになる」として、それまでの「保護政策」を転換、積極的な開発を国民に呼びかけている。農家は、野焼きで土地を広げるチャンスだと思っているという。

●２０１９年９月20日　ＮＨＫ総合（ニュースウォッチ９）
９月23日に開かれる国連の温暖化対策サミットを前に、**スウェーデンのグレタ・トゥーンベリさんが始めた「未来のための金曜日」という、温暖化対策を求めて金曜日にストライキをする運動が広がり、**世界１５０を超える国の若者たちが、立ち上がった。

●２０１９年９月23日　ＮＨＫ総合（ニュースウォッチ９）
国連の温暖化対策サミットに先立ち、国連本部でユースサミットが開かれ、国連のグテーレス事務総長も出席した。グテーレス事務総長は、猛烈なサイクロンが直撃したアフリカ南部のモザンピークや、大型のハリケーンで被害を受けた大西洋のバハマを自ら訪問し、**予想よりも早く温暖化が進行していると**国際社会に行動を呼びかけている。パリ協定では平均気温の上昇を１・５℃に抑えることを目指しているが、世界気象機関（ＷＭＯ）が22日に発表した報告書では、現状のままでは今世紀末には最大3・4℃の気温上昇になると指摘、**各国が取り組みを大幅に強化する必要**があると述べた。これに答えて、ドイツは電気自動車への転換を中心に、日本円にして6兆円規模を投じると発表。インドや中国もこれまでの取り組みを上回る具体策を打ち出す予定。しかしながら、温暖化対策サミットにアメリカのトランプ大統領、日本の安倍総理、さらにオーストラリアなども首脳が参加していない。

2019年9月26日　NHK総合（クローズアップ現代）
――温暖化16歳の訴え

2017年12月のNHKスペシャル「激変する世界ビジネス〝脱炭素革命の衝撃〟」以来、2019年までの間で、地球温暖化問題を深く掘り下げた日本の報道特集は、（アル・ゴア氏へのインタビューや中国再エネの進展の報道はありましたが）国連の温暖化対策サミットに合わせて報道されたこの番組がほぼ唯一のものでした。それだけに非常に貴重であり、また非常に良くまとまったものなので、趣旨を損なわないように注意しながら、私なりにサマライズしたエッセンスを記載しておきます。しかしながら、25分程度の番組では、問題の表層しか掬えないのは仕方がないのかもしれません。

【出演者】
江守正多さん（国立環境研究所 地球環境研究センター 副センター長）

宮﨑紗矢香さん（Fridays For Future Tokyo オーガナイザー）
武田真一（キャスター）

大人が未来を奪う〝世界に広がる若者の輪〟

世界の先頭に立って、温暖化の問題を訴えているグレタさん。もともとは、目立たない子どもだったといいます。初めて行動を起こしたのは去年8月。気候変動の深刻さを知り、「未来がないのに学校に行っても意味がない」とストライキ。スウェーデン議会の前で一人、プラカードを掲げました。

「気候のための学校ストライキをしている」（グレタ・トゥーンベリさん）

運動が広がるきっかけとなったのは、SNSへの投稿でした。気候変動の影響を最も受けるのは自分たち若い世代だというグレタさんの訴えに、同世代の若者から賛同するコメントが次々と届いたのです。毎週金曜日、グレタさんとともに学校を休む若者が次第に増え、その活動は「未来のための金曜日」として世界に拡大。若者から大人世代に責任を問う大きなムーブメントになりました。

「あなた方は、自分の子どもたちを愛していると言いながら、その目の前で子どもたちの未来を奪っています」（グレタ・トゥーンベリさん）

世界160カ国、400万人以上が参加した、今月20日のデモ。

「私は『怒れ』と言われたときに、一番はっとさせられた。自分が、怒るべき当事者だなと思って。自分が若者のひとりとして生きていって、少しでも発言することで自分の未来が変わるし、大人たち

にも一石を投じることができると思っています」（東京のデモを運営 宮﨑紗矢香さん）

23日の温暖化対策サミット。グレタさんは、世界の首脳たちの責任を問いました。

「人々は苦しんでいます。人々は死んでいます。生態系は崩壊しつつあります。未来の世代の目は、あなた方に向けられています。もしあなた方が私たちを裏切るなら、私は言います。『あなた方を絶対に許さない』と」（グレタ・トゥーンベリさん）

最新科学が警告 〝今後10年が未来を決める〟

温暖化の危機を訴え続けてきたグレタさん。中でも大切にしている言葉があります。

「私の声は聞かなくていいので、科学者の声を聞いてください」（グレタ・トゥーンベリさん）

実は今、最新の科学が新たな事実を次々と突きつけているのです。温暖化研究の世界的権威、ヨハン・ロックストローム博士。去年、新たな研究を発表しました。

「1.5℃を超えてしまうと、地球が温暖化の悪循環に陥ってしまい、さらに気温上昇が加速する可能性があるのです」（ポツダム気候影響研究所 共同所長 ヨハン・ロックストロームさん）

産業革命前から、すでに1℃上昇している地球の平均気温。もし今後、1.5℃を超えてさらに上昇すると、北極の氷の融解が止まらなくなり、温暖化が加速。それによってシベリアの永久凍土も解け、温室効果ガスのメタンが放出。さらにアマゾンの熱帯雨林が焼失するなどして、ドミノ倒しのように気温が上昇し続け、元に戻れなくなるというのです。

その臨界点が目前に迫っていることも明らかになっています。世界中の科学者たちがつくる組織、国連ＩＰＣＣが去年発表した特別報告書。これまで国際社会は、２１００年の気温上昇を１・５℃未満に抑えることを掲げていました。しかし、早ければ10年後にも１・５℃に到達すると警告したのです。

「いま、地球が不安定化する瀬戸際にあることは科学的には明らかです。これからの10年が人類の未来を決めると言っても過言ではありません」（ポツダム気候影響研究所　共同所長　ヨハン・ロックストロームさん）

“企業がやるかやらないか”動き始めたビジネス界

「今までの経済的な成功は、とんでもない代償を伴っていたのです。解決策は非常に簡単で、子どもにも理解できるものです。温室効果ガスの排出を止めればいいのです。やるかやらないか、それだけです」（グレタ・トゥーンベリさん）

「私が最も強くお願いしたいのは、気候変動対策に投資し、化石燃料などへの投資をやめることです」（国連　グテーレス事務総長）

ビジネス界は具体的な行動を迫られています。今週、世界の主要な銀行のトップが国連本部に集まりました。日本のメガバンクの姿も。気候変動の影響を考慮しない企業やプロジェクトには、今後、融資を行わないという宣言に署名しました。

「銀行はとても大きい影響力を持っています。私たちは来年までに、約１兆８千億円を再生可能エネ

ルギーに融資します」（BNPパリバ　環境担当責任者　ローレンス・ペッセさん）

温暖化対策の鍵は、二酸化炭素を排出しない再生可能エネルギーへの転換です。使用する電気をすべて再エネに変えることを目指す「RE100」という動きが加速。日本でも、製造や流通などの分野から23社が加盟しています。業種を超えて温暖化対策の最新情報を共有しようと、定期的に会合を開いています。この日は冒頭、グレタさんのスピーチに耳を傾けました。

「私たちは温室効果ガスの排出を止めなければなりません。止めるか、止めないかです。1.5℃の温暖化を止めるか、止めないかです」（グレタ・トゥーンベリさん）

「海外の事業所からは、まわりはもうみんな（再エネを）入れているよ、なんで日本はやらないのという感じで言われていて。皆さまの知恵も借りながら、日本で再エネを増やしていきたいなと」（ソニー担当者）

「グローバルでビジネスをやっている企業は今、気候変動対応とかっていうのが非常に求められているものであって、こういったものを避けては通れない世の中になってきているんですね」（ソニー執行役員　佐藤裕之さん）

「再エネが欲しいんです。普通に買っている電気だと、再エネ率がやっぱり低いんですね。それを変えていかなきゃいけない」（イオン執行役　三宅香さん）

“非常事態”いま何ができるか

武田　その再生可能エネルギーの導入。日本は現状も、将来の目標も、各国に比べて低くなっています。課題だと思うのですが、江守さん、資源の乏しい日本は再エネだけでなく多様な手段で電源を確保しなければならないとも言われていますよね。科学者としてはどう捉えますか。

江守さん　もちろん、それはすごく大事なことです。しかし、同時に日本も２０５０年までに排出量80％、少なくとも削減することをすでに目標にしているんですね。しかしながら現在、石炭火力の計画というのがまだあると。これは、２０５０年に80％削減するんだったら、非常に全力で減らしていかないといけないということと整合しないと思います。再生可能エネルギー、太陽、風力は今、コストがどんどん下がって、世界では火力発電とか原発を新設するより、太陽、風力の方がずっと安いというのが増えてきているので、日本でも大量導入をより本格的に目指すべきだと思います。

武田　宮﨑さん、市民一人ひとりは何をすべきだと考えますか。

宮﨑さん　まず**企業を選ぶ**ことが挙げられるかなと思います。そのほかに市民として**自治体に訴える**こともできると思います。

武田　企業や自治体に働きかけるということができるということなんですね。江守さん、今の豊かさを失わずに、この難しい課題に挑戦していくためには何ができるんでしょうか。

江守さん　どうしてもCO_2を減らせと言われると、なんか不便なことをしろと、我慢をしろと言われている気がするわけですね。しかしながら、やはり個人で我慢をする問題というよりは、これは最終的にはシステムを変えると。例えば、エネルギーのつくり方を変えると。必要なエネルギーはもちろん使っていいんです。しかし、その**エネルギーをつくるときにCO_2を出さないやり方で、すべてのエネルギーをつくれるようになればいいと**。これは今の常識から考えると、非常にハードルが高いことなわけですが、これから技術の開発、いわゆるイノベーションを含めて、社会の変化も含めて、いろんなことが起こっていくと。その中で、CO_2排出ゼロというのを明確に目指していくのが非常に大事だと思います。

武田　そういった投資をしていくことで、同時に成長可能ですか。

江守さん　これから、むしろ企業はCO_2をなるべく出さない、あるいは**CO_2を出さないことに貢献するような企業こそが評価されて**、そして成長していくと。そういう時代になっていくと思います。

武田　最後に、グレタさんのこの言葉をかみしめたいと思います。**「あなた方が好むと好まざるとにかかわらず、世界は目を覚ましており、変化はやってきています」**

２０１９年末　再び地球温暖化に関連するＮＨＫのニュース

●２０１９年12月２日　ＮＨＫ総合（ニュースウォッチ９）

COP25開幕　温暖化による未曽有の災害　防災対策　新たなフェーズへ

気候変動で日本の災害の被害は甚大化し、２０１９年は、豪雨災害が想定されていなかった場所で大きな被害が相次ぎ、これまでの防災対策が通用しなくなった地域が出てきた。

東京都は杉並区の地下およそ40ｍに、25ｍプール１８００個分の雨水を貯める巨大な湖をつくった。２０２５年度末までに同様の貯水池を７カ所つくる予定である。

●２０１９年12月２日　ＢＳ１（キャッチ　世界のトップニュース）

アフガニスタン　拡大する温暖化の影響

２０１９年は世界中で気候変動に伴う洪水や干ばつが相次いでいるが、国情が不安定なアフガニスタンでは、その影響が国の先行きにも及びかねない状況になっている。近年、春から夏にかけてまとまった雪が解けて、一気に川に流入し、用水路や排水路など灌漑施設は荒廃、草木も根こそぎ流され、農地は保水力を失い、すぐに乾燥してしまう。干ばつは国土の６割に及び、被害を受けた住民の避難キャンプでは、生活苦のために、収入のために娘を幼くして嫁がせ、また、ＩＳやタリバンなどの武装勢力に加わる者もいる。治安が不安定な中では、政府や国連が行おうとする洪水や干ばつの被害の監視も思うように進んでいない。

●２０１９年12月４日　ＮＨＫ総合（ニュースウォッチ９）

温暖化に消極的な日本に「化石賞」

国連のＣＯＰ25の会場で、日本が残念な賞を受賞した。その名も化石賞。環境ＮＧＯが温暖化に消極的だと判断した国に、皮肉を込めて贈る賞だ。受賞理由はCO_2の排出が特に多い、『石炭火力発電』の廃止に後ろ向きなことだ。

ＣＯＰ25の開会式で、国連のグテーレス事務総長が強く各国に訴えたのは「石炭からの脱却」だった。ところがその翌日、**日本の梶山経済産業大臣**は、**「国内も含めて石炭火力発電、化石燃料の発電所は、選択肢として残しておきたいと考えている」**と発言。現在日本の発電電力の76・9％を火力発電が占め、中でも、CO_2を多く排出する「石炭火力発電」は31・2％と震災以降割合を高めている。石炭火力発電所は全国各地に90以上あり、さらにおよそ30基を新設する計画がある。世界最大級の火力発電会社ＪＥＲＡの小野田社長は、将来の展望について「排出削減をしなくては、という気持ちはあるが、イエスかノーかの話には答えにくい」と発言している。

●２０１９年12月15日　ＮＨＫ総合（ＮＨＫニュース　おはよう日本）

温暖化が広げる格差「気候アパルトヘイト」

２０１９年に国連が出した地球温暖化問題についての報告書で、普通は人種差別で使われるアパルトヘイトという言葉が使われ注目を集めた。「温暖化が貧困を生み、格差を広げている」と指摘し、このままでは人種差別と同じような事態になりかねないという危機意識が持たれるようになった。

２０１９年は9月に地球温暖化対策サミットがあり、12月には、マドリッドでパリ協定の実施に関わるさまざまな重要事項を決定するためのＣＯＰ25が開催されました。このため、その前後に地球温暖化に関する報道の特集が組まれました。これらをすべて並べてみると、現在の地球温暖化に関する状況や、議論、対応の現状などが、なんとなく理解できたような気になりますが、**実際の視聴者は、**

これらの情報のごく一部にしか触れることができていないと思われます。また、テレビをほとんど見ることのできない多忙なサラリーマンや、NHK以外の放送局を中心に視聴する人たちも大勢いて、テレビからの地球温暖化に関する情報の入手はほとんどないと考えられます。そのような人たちは、地球温暖化に関する全体的な理解ができない中で、不安だけが募っているのではないでしょうか？

そんな中で、すべての国民に地球温暖化についてしっかりと考えてもらう機会だったのが、2020年1月1日のNHKスペシャル『10 Years After 未来への分岐点』でした。地球温暖化や食糧や水の問題、そしてAIや生命工学などのテクノロジーの進化といった難題にこれからの10年どう向き合っていくかを考えると謳っていましたが、番組の時間配分の重点は地球温暖化に置かれていました。9月26日のクローズアップ現代と重なるところはありますが、番組の概要を紹介します。

2020年1月1日　NHKスペシャル　2020巻頭言「10 Years After 未来への分岐点」――私たちの未来に何が待っているか。もっと豊か？　それとも

南極氷床が崩壊・温暖化が暴走

日本の面積の40倍、地球の氷の9割を占める南極、これまで南極の氷が大きく解けることはないとされてきたが、その定説が覆されようとしている。

「現地調査で大規模崩壊の端緒をつかみました。南極氷床崩壊の鍵を握るのが、陸から海にせり出した棚氷といわれる氷の塊です。そこに300mの穴を掘り、センサーを入れて調べました。すると、棚氷の下の海水が、氷が解ける温度まで上昇していることが明らかになりました。棚氷が下から解かされることで、内陸の氷も次々と流れ出し、融解が一気に進んでしまう可能性があります。南極氷床の変わり方は時間的にも我々が思っていたよりもずっと急だと、今そういうことがまさに起きつつあります。

平均気温が＋1℃から＋1・5℃へと上昇しようとしている地球。世界中の人々の暮らしに大きな影響を与え始めています。6年前に取材したバングラディッシュの海沿いの村を訪ねると、海による海岸の浸食が大幅に進んでいました。国連は温暖化が想定を上回るスピードで進んでいると警告。＋1・5℃の分岐点に、早ければ2030年にも達する勢いなのです。その時いったい何が起こるのか」

（北海道大学 低温科学研究所　杉山慎教授）

ホットアース理論

「いま地球が不安定化する瀬戸際にあることは科学的に明らかです。これからの10年が地球と人類の未来を決めるのです」（ポツダム気候影響研究所　ヨハン・ロックストローム共同所長）

気候変動の世界的権威であるヨハン・ロックストローム氏は2018年ホットアース理論を発表し、平均気温の上昇が1・5℃に達した後さらに上昇すると、温暖化が暴走する可能性があるといいます。

暴走のシナリオです。まず、北極を覆う氷が大量に解け始めます。太陽光を反射して気温の上昇を防ぐ機能が急激に低下、海水が太陽に熱せられ温暖化が加速します。その影響はアマゾンへ、二酸化炭素を吸収していた熱帯雨林では高温や火災によって立ち枯れが頻発、大部分が荒れた草原へと変化してしまいます。その結果、熱帯雨林に蓄えられていた大量の二酸化炭素が放出され、さらに温暖化が進みます。一方、シベリアやアラスカでは永久凍土が解け、大地に異変が起こります。地下に蓄えられていたメタンガスが大爆発、直径数十メートルの巨大なクレーターが出現します。二酸化炭素の25倍の温室効果をもつメタンガスが、大量に放出される可能性があるのです。こういった現状が連鎖的に発生することで地球は暑くなり続け、今世紀末に平均気温が４℃以上上昇、灼熱地獄と変化するのです。

「１・５℃は防衛ライン。そこで止めたいということです。これまで１℃上昇していますが、このまま増え続けると今世紀末には４℃上昇してしまう。１・５℃に止めるためには、２０５０年には排出量を正味ゼロにする必要がある。そのためには２０３０年には半分にしなくちゃならない。そのためにはまず２０２０年には排出が減り始めなくてはいけない。まだ減り始めていないんです」（国立環境研究所江守正多さん）

「それでは、私たちは２０３０年までに何をやらなくてはならないのか。国連が真っ先に挙げているのが**石炭火力発電所の新設の中止**。資源が乏しい日本ではエネルギー政策上必要としていますが、二酸化炭素を大量に排出するとして、国際社会から非難されています。そして今年11月に開かれる国連の会議ＣＯＰ26で**温室効果ガス排出目標を2050年ゼロにまで引き上げる**こと。日本もそれに合意できるか問われてきます。さらに、**風力や太陽光エネルギーの拡大**や製造時に二酸化炭素を発生させる**プラスチックの削減**、そしてそれらを可能にするイノベーション。そのうえで最も必要なことは常識の変化です。そうはいっても石炭やプラスチックは必要だ、というこれまでの常識が、新しい常識に変わることが必要です。

このように武田氏が話した後、この番組は、**オランダ**の**NPOオーシャン・クリーンアップ代表のホイアン・スラット**さんを紹介し、少人数から初めて、社会の協力を得て、**海洋プラスチックゴミの大量回収**に道筋をつけたことを説明します。そして、ビジネスの世界でのＲＥ１００の取り組みを取り上げ、２０５０年までに脱炭素を目指している企業としてイオンが家庭や洋上風力発電から再生可能エネルギーを買い集めていることが紹介されていました。

そして、その言葉の後に、**私たちに何ができるか**を、出演者の声として示していました。それは、**プラスチックを含めたゴミの回収**、環境に良い仕事をしている企業を選んで投資する**インパクト投資**、そして**政治への積極的なかかわり**を持つことでした。江守正多さんは、「候補に、あなたの気候政策を教えてくださいと聞いてください」と言っています。

この番組はこの後地球温暖化問題から離れましたので、紹介はここまでにします。

さて、**この番組の内容**について、皆さまはどう感じられたでしょうか？　この番組は地球温暖化の

脅威を伝えていますが、これまで行われてきた**パリ協定**などの人間の努力や、海外で拡大してきた**再生可能エネルギー**の生産に触れていないことは、**視聴者に希望を与えず**問題だと思いました。2年前にＮＨＫスペシャルで「脱炭素革命」を華々しく報道していたにもかかわらずです。またＣＯＰ25が何について議論をしていたのかについても報じられていません。日本国内についても、**石炭だけでなく、日本のエネルギーミックスが全体として転換しなくてはならないことについて語られなかった**のも不満を感じました。温暖化については一般市民も知っておかなくてはならないことが限りなくあります。それなのに、海洋プラスチックごみの回収という直接地球温暖化対策とは関係のない事例を入れたため、温暖化についての報道が、大変底の浅いものになってしまった印象があります。前文に申し上げたように、私には、**このＮＨＫスペシャルの報道の仕方では一般市民を正しい方向に導けない、**という強い思いが生まれ、この本をつくるきっかけになりました。

そこで、これからの章では、国民の皆さんに知っておいていただきたい重要な情報をいくつかの分野に分けてお知らせします。まず、第1章の残りでは、**温暖化の科学**について確認のために書いておきます。第2章では、**産業界が本当に脱炭素化できるのか**について書きます。第3章では、**日本の産業構造**の転換が遅れ、地球温暖化対策で世界に**大きく立ち遅れてしまっている現状**を指摘します。第4章では、**パリ協定後の世界の温暖化対策への取り組みの現状**を書こうと思います。第5章、第6章では、世界の温暖化対策のために必ず必要な**世界みどり公社**について書かせていただきます。第7章では、日本をしり目に世界が大変な勢いで**再エネの導入**を果たし、**世界パワーグリッドの構築**まで視野に入ってきたことを書こうと思います。そして、第8章についてはヨハン・ロックストローム氏のいう**ホットアース理論**（この中身はほとんど、私をご指導くださった上野勲先生や西澤潤一先生が東洋経済新報社から2000年に発刊された「人類は80年で滅亡する」という本で書かれていたことなのですが）が始まってしまわないようにするには必要なジオエンジニアリング、**「ベーリング海峡ダム」**について書かせていただき、そして最終の第9章では、私がベーリング海峡ダムを考え、世界の地形を調べ、そしてG20に参加する中で見えてきた**「一つの世界・神々の気配」**について書こうと思うのです。これはおそらく、今まで誰も指摘してこなかったものです。

コラム

決着がついた、地球温暖化に対する懐疑論問題

●気温が上昇しているかどうか、という懐疑論――現在もう存在しない。

●原因が人間かどうか、という懐疑論――自然が原因となる放射強制力（気象学の用語で、大気を温める力のこと）では、現在の温暖化は説明できない。歴史上太陽の活動の変化による気候への影響は、０・１～０・２℃程度しかなかった。

●二酸化炭素が原因かどうか、という懐疑論――二酸化炭素が原因とすると、対流圏中層の温暖化が進むはずだが、そうなっていない、という懐疑論があったが、それは懐疑論側のデータ処理の誤りであった。

●直接の熱排出が問題ではないか、という懐疑論――その影響は温室効果より小さいと証明

●火山や生物の影響についての懐疑論――過去、排出と吸収がバランスを保っていた。

●CO_2濃度変化は温度変化の結果という説――日本の槌田教授が示したグラフなどが問題となったが、植物の光合成による季節変動によるものだった。近年の観測事実と矛盾する。

●南極の氷は増えているのではないかという懐疑論――過去にそのような観測があったが、近年の観測では減少傾向が顕著である。ヒマラヤの氷についても同様。

●IPCCが信用ならないという懐疑論——過去にあったメール流出事件（クライメートゲート）については、不正や誤りの証拠は見当たらないとされている。

●原発産業の推進のために温暖化が唱えられているのではないかという懐疑論——過去に、原発業界が地球温暖化対策として原子力発電の推進を掲げていたのは事実。

もう特定の数名の日本人を除き、地球温暖化懐疑論を言うものはいない

●米国石油地質協会（AAPG）が、気候問題に関して、人為的な二酸化炭素排出について研究拡大が必要と表明しており、これ以来、地球温暖化に対する人為的影響を否定する地質学関係の学術組織はない。

●前東京大学総長で三菱総研理事長の小宮山宏氏は、「すべてについて反論は用意されている」「温暖化懐疑論が問題になっているのは日本だけ」と述べている。

●海洋研究開発機構の近藤洋輝氏は、『Nature』や『Science』などの著名学術誌に採用されていない異論が、メディアに安易に取り上げられることに懸念を表明している。

第2章

産業の脱炭素化は可能か？

第1章では、日本社会においても、地球温暖化の恐怖を理解した上でこの問題に真剣に対応しようという声が世論の大勢を占め始めたことをお知らせしました。第2章では、果たして2050年温室効果ガス排出量ゼロの世界が、社会の実体をなす産業界で技術的に実現可能かを見ていきます。

エネルギー供給システム

現在の地球温暖化の下で求められる温室効果ガス排出ゼロの産業システム、それは果たして実現可能なのでしょうか？　まず、産業システムの根幹であるエネルギーがどのように供給されているのかを、大元のエネルギー、一次エネルギーと、そこからつくり出された、エネルギーの最終使用形態の二次エネルギー（電気や石油製品）に分けて考えます。

一次エネルギーの構成から見ていきましょう。数値は資源エネルギー庁のエネルギーバランス・フロー概要２１１-１-３（２０１７年度　単位10の15乗Ｊ）からの抜粋です。

一次エネルギーの国内供給は、原子力発電１％、水力・地熱・新エネ９％、天然ガス24％、原油等39％、石炭25％、合計２万００３５です。現在**一次エネルギーの９割が化石資源から供給され、その45％が発電部門に投入**されているのです。発電部門に投入された一次エネルギーは、発電ロスで半分以下になり、電力として使えるのは３８５４、一次エネルギー全体の19・２％、になります。原油の精製などでも一次エネルギーが減り、最終的にエネルギーとして利用される量、二次エネルギーは、

1万3382になります。

私たちは2050年以降、非常用以外の火力発電を行うことはできません。**非化石エネルギーで発電しなくてはならないエネルギー量は、今後の省エネを考慮に入れなければ1万以上となります。2017年の原子力265、水力・地熱・新エネの1027を合算した数字の8倍以上、現在の火力発電を含んだすべての発電量の3倍以上**ということになります。現在の世論、そしてコスト競争力を前提にすると、原子力発電が大幅に増えることはありえませんから、**日本は、再生可能エネルギー発電を国内で最大限に拡大し、さらに海外から送電線で再生可能エネルギーの供給を受けなければ、現在の経済活動を行うことはできない**のです。しかしながら、近年の海外での再生可能エネルギー産業の隆盛（第4章で紹介）により、**すべての専門家が、再生可能エネルギーによる化石エネルギーの代替は可能であると考えるようになりました。問題は、日本国内の送配電システムです。これについては第3章後半で述べます。**

続いて、二次エネルギーの視点から見ていきましょう。**二次エネルギーは、家庭部門、運輸旅客部門、運輸貨物部門、企業・事務所他に分類**されています。**家庭部門**で使用される二次エネルギーの量は1990、その半分が電力、3割が石油製品、2割が都市ガスで供給されています。**運輸部門**で使用される二次エネルギーの量は1839、その8割がガソリンとして使われ、軽油、ジェット燃料、LPG・電力の三つがそれぞれ7、8％の消費となっています。**運輸貨物部門**で使用される二次エネルギーの量は1250、軽油が7割、ガソリンが2割、重油等が1割の消費となっています。**企業・**

事務所他での二次エネルギーの使用は8293、そのうち、電力と石油製品が約3割ずつ、都市ガス・天然ガスが1割、自家用蒸気・熱が1割、石炭・石炭製品が2割の消費となっています。

家庭、旅客、貨物で使われている化石燃料については、照明、暖房、駆動用エネルギーをすべて再エネ由来の電気に切り替えます。そして、**産業においても熱利用用途はすべて電気に切り替え**ます。問題は、製造過程で使われ、電気への代替がきかないと思われる化石資源の利用です。特に、**製鉄用コークス・副生ガス、セメント焼成用石炭、**という、すぐには電化できないと思われる化石資源の利用が1362あり、**産業用石油製品**2853や**ジェット燃料**132も電気やバイオ燃料等に切り替えるのは簡単ではありません。製造工程におけるCO_2排出ゼロが可能かを、いくつかの産業で見てみましょう。

ゼロカーボンスチールは可能か？

日本鉄鋼連盟が平成30年11月に公表した長期温暖化対策ビジョン『ゼロカーボンスチールへの挑戦』があります。日本鉄鋼連盟は平成26年にもパリ協定の2030年目標達成のための「低炭素社会実行計画フェーズⅡ」を公表していますが、平成30年のビジョンは、2100年までをスコープにした野心的なもので、製造過程でCO_2を発生させない製鉄の姿を見出そうとしています。

鉄はリサイクル可能な素材であり、酸化鉄である鉄鉱石から高炉を用いて銑鉄をへて鋼材をつくる場合と、鉄スクラップのリサイクルを行い、電炉を用いて製鉄する場合があります。現在高炉を使って製鉄する場合は、コークスを還元剤として使うためにCO_2が大量に発生しますが、電炉を用いる場合は、再エネ由来の電気を使えばCO_2排出がかなり抑えられます。世界の電炉比率を見ると、米国が70％、ＥＵが40％、韓国が30％であるのに対し、日本は25％と低いため、製鉄の脱炭素化には電炉比率向上が必須だと考えられます。しかしながら、日本は、鉄を使用した車などを海外に輸出し、あるいは鉄スクラップを海外に輸出していることもあり、電炉比率を高めてCO_2排出を減らすことは容易ではありません。

そんな中で日本鉄鋼連盟は、平成30年公表のビジョンで、「超革新技術開発シナリオ」という野心的なCO_2排出削減シナリオを打ち出しています。再エネによる電力からつくられた水素を用いた水素還元製鉄によって、２１００年までに鉄鋼プロセスの脱炭素化を行おうというものです。このビジョンの中では、水素還元製鉄がまだ実用化されていないものの、水素還元製鉄を成り立たせるための、水素量とコストについても試算しています。現在とだいたい同じ年間1億トンの鋳鉄を生産するとした場合、電力は製造分だけで４５００億ｋＷｈ、日本の現在の消費電力量の2分の1が必要、そして、現在のコークス使用と同等のコストで製鉄をしようとする場合、水素価格は7.7¢/Nm^3-H_2（日本の水素基本計画の将来目標の3分の1）でなければならないとしています。

このように、さまざまな前提はありますが、**製鉄業界は、ゼロカーボンの製鉄を行うことは可能だと表明している**のです。このようなタイミングでスウェーデンのＳＳＡＢなどの製鉄会社が、２０３

5年に向けて水素だけを使う新製法を実用化すると公表しました。鉄鋼業界において革命的な事態となっており、日本の製鉄メーカーも、2100年の目標を数十年前倒しする必要がでてくるに違いありません。

セメント産業の脱炭素は可能か？

セメント産業からのCO_2排出総量は、日本の排出総量の3・7%程度と大きな量になっており、排出量の削減も難しいといわれています。なぜ難しいと言われているかは、セメントの製造方法を理解しないとわからないので、ここで簡単に説明します。

セメント工場では、まず原料である石灰石や粘土などをセメントに必要な所定の化学組成となるように調合し、細かく粉砕します。その後、1450℃で焼成して、クリンカという小塊状の中間品をつくり、冷却後、若干の石こうとともに粉砕してセメントを製造します。焼成工程の1450℃の高温をつくる時や、原料やセメントの粉砕などで電力を使用します。セメント製造におけるエネルギー起源CO_2の排出量は、排出全体の4割になります。

CO_2排出の残りの6割は主原料の石灰石（$CaCO_3$）が熱分解する際に排出されるCO_2です（非エネルギー起源CO_2）。これは、一般的にプロセス排出と呼ばれるもので、セメント産業以外でも、石灰石に熱を加える産業では不可避であるとされてきました。それゆえ、1970年代のオイルショック以降、厳しい省エネを行ってきたセメント業界が、さらにCO_2排出を削減することは、大変難しいとされてきたのです。

しかしながら、この常識を打ち破る新しいコンクリートが見つかっています。それはなんと、**古代ローマでパンテオンなどの建築に使われたローマン・コンクリートというものであり、それをもとに近年開発されたジオポリマー（超コンクリート）**と呼ばれるものなのです。現代のコンクリートが50年から100年で劣化するのに比して、ローマのコンクリートは2000年たってもまだ強度を保っています。古代コンクリートは、火山灰、石灰、火山岩、海水を混ぜ合わせてつくられており、コンクリートの中にアルミナ質のトバモライト結晶が成長し、これがコンクリートの強度を高めているのです。また、北海道立総合研究機構北方建築総合研究所の谷口円氏は、火山灰をまぜていることで、二酸化炭素や塩分の染み込みを妨げて耐用年数を長くすることを確認しました。

このコンクリートのさらに素晴らしいところは、**石灰と火山灰を使うため、製造工程に熱が必要なく、石灰も加熱しないので二酸化炭素が全く排出されない**というところにあります。セメントがすべてジオポリマーに置き換わったとすると、日本の温室効果ガス約12億4400万トン（2018年度）の3〜3・5％分（4000〜4800万トン程度）が削減可能になると考えられます。また、コストもかなり安くなることが考えられ、日本の産業の競争力強化につながります。

ジオポリマーについては、性能の高さから、アメリカ軍が飛行場の滑走路用に研究をはじめたという情報もあります。日本では、セメントの半製品クリンカの使用量削減のために、高炉水砕スラグやフライアッシュなどの混合材をセメント製造の途中で加えた混合セメントが、耐海水性を有するなどの理由で土木分野で使用されていますが、混合セメントの性能が高くなる理由はジオポリマーの高い性能と共通するところがあるかもしれません。国や産業界は、まだジオポリマーについてほとんど研究していないようですが、地球温暖化対策のためにも、すぐに研究、製造を始めなくてはなりません。

石油産業・石油化学産業はどうなるのか?

石油産業とは、原油の探査、採掘、輸送、精製、販売を行う産業です。石油企業は、この過程の一部を担当することもありますが、探鉱から製品販売までを経営する一貫操業会社の形態をとるのが一般的です。原油は、製油所で蒸留、分解されると、沸点の差によって、LPG、ガソリン、ナフサ、ジェット燃料、灯油、潤滑油、重油、アスファルトなどの各種の石油製品になります。これらのほとんどは燃料ですが、ナフサ(粗製ガソリン)は石油化学用原料になり、合成樹脂、合成繊維、合成ゴム、肥料、医薬品、化粧品など各種の化学製品に転換されます。

石油化学工業は、ナフサなどを出発原料として、合成樹脂などの多種多様な化学製品を製造する産業です。石油化学製品は、日常生活のあらゆる分野に使われ、国民生活の向上に大いに貢献しています。とりわけ今日、日本の産業が自動車、コンピュータ、電子・電気製品など高度組立産業を中心に世界的に高く評価されている背景には、優れた品質と機能をもった石油化学製品が重要な役割を果たしているのです。

経済の脱炭素化がこれら二つの産業に与える影響は、鉄鋼業、セメント産業に脱炭素化が与える影響とレベルの違うものになります。**鉄鋼産業やセメント産業の場合は、製造方法や製品の組成を変えれば、産業そのものは存続が可能**です。しかし、**産業の脱炭素化により、二つの産業のうち特に石油産業については、その製品群の大半を販売することが不可能**になってしまいます。石油産業の企業が倒産することはもちろんですが、その場合、それらの産業を通じてしか供給できない、例えばナフサなどの、川下産業が必要な素材を供給できなくなります。また、世界的に見た場合石油産業が国の経済を支えている国は、なんとかして産業の脱炭素化を阻止しようとするでしょう。ですから、石油製品の販売縮小と同時に、それらの国の経済が破綻しないよう何かの手立てを考えなくては、脱炭素化そのものが不可能になってしまいます。

第４章で紹介しますが、私が申し上げてきた地球温暖化対策の柱の一つは、世界的な化石資源の専売公社（世界みどり公社）をつくることです。それは、世界中の石油産業の企業を買い取る世界組織をつくるということです。その機構の仕組みについてはそこで述べますが、ここでは石油産業との関係だけ触れますと、石油産業を私企業のままにして、自主的に、例えば２０３０年までに販売額を５割減、２０５０年までにほぼゼロにすることを期待することはできないため、各企業を公的機関が買い取り、専売機関とし、石油製品の価格を引き上げ、原材料用途のみの製造を行うことによって、一部の石油製品の製造と川下の石油化学産業の維持を可能にしようというものです。

石油化学産業は、ナフサから多種多様な化学製品を製造する、大きな付加価値の高い装置型産業です。ですから、ナフサの価格が少々上がっても、川下の石油化学製品の価格上昇は大幅なものにはならないと考えられます。さらに、現代の高度に発達した合成樹脂を含む多くの石油化学製品を他の素材で代替するのは難しいのです。このため、石油製品に賦課されるカーボンプライスは、石油化学製品価格に上乗せできると考えられます。

もちろん石油化学産業そのものは、製造工程で使用するエネルギーの電化を進めるなど、脱炭素化を図る必要があります。そうすれば、将来的に日本で使用する石油製品の量が大幅に減ることもあり、この二つの産業からのCO_2排出も大幅に削減されると考えられます。

石油化学工業は存続すると述べたので、プラスチック廃棄物を、どのように処分することがCO_2排出との関連で適切かについて一言触れます。現在、プラゴミの一部はマテリアルリサイクルされますが、ほとんどは他のゴミとともに焼却されエネルギー回収されるか、あるいは鉄鋼などの助燃材として投入されています。しかしながら、再エネが十分に供給される時代には電気の価値が小さくなるので、発電をするからといって、ゴミを燃やして温室効果ガスを排出することが許されるべきではありません。燃やさずに済む方法があるのなら、その方法を取るべきです。

CO_2排出量の計算上では、一部の専門家が言うように、プラスチック原料の製造のところで、すでに炭素排出をカウントしているので、プラスチック焼却の際に炭素の排出をカウントすると、二重計上になる、ということがあります。しかしながら、それは、プラスチック焼却の時にプラスのカウントをするのではなく、CO_2を排出しない方法での廃棄物の処理を終えてプラスチック内の炭素が環境中に安定した形で固定されたとき、炭素排出のマイナスをカウントすることで解決できます。炭素固定の方法についてはこの後の節で述べます。

飛行機・船舶・車・鉄道における「超電導モーター」の利用

超電導モーターによる航空機は、電源として電池ではなく。既存のジェット燃料かLNGを使用するので、ゼロカーボンではありませんが、CO_2排出を4分の1にすることが可能な技術として注目されています。

これまでのジェット機では、ジェット噴流とファンで後方に押し出す気流の反動によって前方への推進力を得、上部のみを湾曲させた翼断面によって浮力を発生させます。これに対し、超電導モーター機では、主翼の上部に取り付けた多数の超電導モーターによるファンで、主翼上部に強い気流をつくり出し、主翼の上下に生じる気圧差で浮力を得ます。発電機とモーター、これらをつなぐ配線を超電導化したのが全超電導機であり、液体窒素で超電導にできる高温超電導材料を使います。ジェット燃料を使う全超電導機は冷凍機の電力を必要としますが、これを含めても燃料消費量を現行機の30％にできる上に、出力を2倍にしても推進系の重量を10分の1にできるといいます。九州大学の「先進電気推進飛行体研究センター」が、米ボーイング社などと、全超電導機向け推進システムの共同研究を進め、小型機の試作を行っています。

現在の航空機業界は、1機当たりの排出量を4分の1にする目標を掲げています。この目標は国連の一組織であるＩＣＡＯ（国際民間航空機関）が決めたものであり、現在、全超電導機は、この目標を達成できる唯一の技術だとされています。**このように、技術的には、潤沢な再エネ由来の電力が供給されるなら、日本の産業はほとんど脱炭素化できることがわかってきました。**

大気からの二酸化炭素除去装置（ＢＨＣＳ）について

技術的にはCO_2排出がゼロに近づくとしても、実際の人間社会においては、CO_2排出が完全にゼロになることはないでしょう。地球温暖化に影響が出ないとされるバイオマスの使用は続くでしょうし、第4章でも述べますが、調整電力用や停電対策のため、かなりの火力発電、特に天然ガス発電をスタンバイしておかなくてはなりません。さらに、地球の温度上昇により永久凍土などから発生したメタンの効果を打ち消すためなど、さまざまな理由で、大気中の二酸化炭素を大気圏以外で固定する方法があると非常に助かります。それを可能にする装置がＢＨＣＳ（大気からの二酸化炭素除去装置）なのです。ＢＨＣＳは、現在焼却している多くのゴミを、細粒化して、燃やさずにとっておく方法です。

石油化学製品抜きに我々の生活は成り立ちませんから、プラスチック廃棄物を地球環境への負荷をかけずにどのように処理するのか、という問いに対する答えは出さなくてはいけません。そして、さらに現在エネルギー利用が進められているバイオマス廃棄物についても、今後人間圏からの二酸化炭素使用をさらに削減しようとするときには、焼却を避けるべきだという結論になるでしょう。

そのような将来は燃やすことのできないバイオマス廃棄物やプラスチック廃棄物を処理する方法として、水熱科学を用いた分解法があるということを紹介させていただきます。この方法は、前提としての植物の光合成まで含めて考えたとき、もっとも簡単かつ確実に地球大気から二酸化炭素を除去できるものです。

二酸化炭素を最も簡単に安く大気から除去できる方法は植物の光合成を利用することです。しかしながら、植物に蓄えられた炭素は、そのままでは植物が枯死した後、すぐに細菌などにより分解され、大気中に二酸化炭素として戻ってしまいます。また、木材に固定された場合には、炭素を比較的長期に貯留できますが、陸上に置いておくと場所を取りやっかいです。私は、炭素の貯蔵場所として海洋を考えました。有機廃棄物を水熱科学技術により分解し、安定した形で深海に沈めれば、炭素の長期海洋貯留が可能だと考えたのです。

有機廃棄物の分解システムとして、私が最も効率的だと考えるのが、創イノベーション株式会社が保有している、「Blasting Hydrolysis Conversion System（ＢＨＣＳ）技術」で、これは福島第一原発事故で発生した放射性物質を含む廃棄物からセシウムを分離するプラントの要素技術として使われていたものです。この装置では、廃棄物を粉砕した後、爆砕機に入れ、２４０℃の蒸気を加えます。

水熱反応を起こさせた後、ブロータンクに内容物を放出し、爆砕します。ブロータンクには水分と固形物に分かれた反応生成物がたまり、それを分離して取り出します。

ＢＨＣＳは、生ごみや下水汚泥だけでなく、木の枝や、ゴムを除くプラスチックの処理を行うことができます。そして廃棄物内では、ヘミセルロースやセルロースの部分加水分解、リグニンの低分子化、アセチル基の分離などが進行し、褐色または黒色の粉末状の物質となります。水分には有機物中のリンなどが移行し、液肥として使用することができます。また、固形部分もこれまで助燃材としてだけでなく堆肥として使用されてきたもので、液体部分、固形部分どちらにも、海の環境を悪化させる物質は含まれていません。固形部分は簡単に水に沈みますので、海洋に投入されても海岸に漂着することはありません。

海洋の中層部、深層部の海水には、もともと表面よりもずっと多くの有機物やCO_2が含まれていますから、処理物を投入しても、海洋の環境を大幅に変えることはありません。また、かつて人間のし尿を海洋投棄していたころの記録では、投棄海域の底にし尿が降り積もることはなかったとあり、ＢＨＣＳの処理物も海洋に投棄された後、広く海水中に拡散することになると思われます。ＢＨＣＳによる炭素の海洋固定は、現在焼却されている一般・産業廃棄物を対象にして行うことができるのと同時に、これまで単純に焼却されるか放置されてきた、さまざまな農業・林業廃棄物を対象に行うことが可能であり、地球気候に影響を与えるレベルの炭素固定を行える可能性はかなり高いものと思われます。

ＢＨＣＳによる炭素の海洋固定が大規模に行われるようになるためには、炭素固定そのものに対価が支払われるシステムが不可欠です。第４章で紹介する世界みどり公社がその役割を果たすと考えます。一方、お金の問題以外にも、大規模導入のための関門があると感じています。それは、いくら科学的には海中への生成物の投下が海洋の汚染につながらないと私が言ったとしても、やはり海洋環境の悪化につながるとして違和感を持たれる方が存在すると思われるからです。

そこで、もう一つの提案を行うとすると、ＢＨＣＳの生成物を、使われなくなった石炭の炭鉱などに埋め戻すというアイデアが考えられます。これなら、土地の所有者に対する支払いは生じますが、今後数百年にわたって、ＢＨＣＳシステムを稼働させることは可能ですし、地球環境悪化につながるとして反対される方はいなくなるでしょう。プラスチックをそのまま処理しないで山積みにしておくという選択肢もあり得ますが、海洋にさえ散らばって汚染源となり得るゴミの巨大な山を、人間が残すのはいかがなものかと思います。

そして、どこに生成物を保存するにしろ、ＢＨＣＳのようなシステムが運用されるためには、炭素固定そのものに支払いを行う、世界みどり公社のようなシステムが必要だということをもう一度書き添えておきます。

CCSについて

大気中に二酸化炭素を排出しないで、地中や水中に封じ込める技術として二酸化炭素の回収・貯蔵（CCS）があります。BHCSと異なるのは、BHCS法は、炭素を有機物の状態で貯蔵するものであるのに対し、CCSは炭素をCO_2の状態で貯蔵しようとするものです。現在BHCSはほとんど世の中に知られていませんから、一般に火力発電を行いながら脱炭素を行う、というためには、このCCS技術が安全・低コストで実用化されることが何としても必要なのです。

2006年に改正された海洋汚染の防止を定めた国際条約「ロンドン条約96年議定書」では、CO_2が廃棄物等の例外とされ、日本も2007年に海洋汚染防止法を改正して、この条約を批准しました。2008年のG8北海道洞爺湖サミットの首脳宣言でも、「2010年までに世界に20の大規模なCCSの実証プロジェクトが開始されることを強く支持する」と重要性が強調されました。2011年には京都議定書の第7回締結国会合で、CCSのCDM（クリーン開発メカニズム）化のプロセスが採択され、関心がさらに高まりました。2016年現在では稼働中のものから計画・構想中のものまで加えると、60件近くの大規模なCCSプロジェクトが報告されており、日本でも2016年度から「苫小牧プロジェクト」が操業を開始し、2019年までに30万トンのCO_2地下貯留を実施したと発表されています。

ＣＣＳに関しては、CO_2を大気中や排ガスから分離する時、あるいは地下などに圧入する時に大きなエネルギーが必要だとされており、また、いったん貯留しても地下から逆流する危険性、地震を引き起こす危険性があるという人もいます。専門家が携わり、その多くが危険性はないと言っている技術ですから、もちろん私もここで技術を否定することはできません。しかし、日本ではこのプロジェクトに続く大規模なＣＣＳプロジェクトはなく、日本以外でも、とくにアメリカやカナダ、ブラジルなどで行われてきたＣＣＳプロジェクトの多くが、ＣＣＳ付き石炭火力発電所などのコストが非常に高く採算に合わないという理由で、次々に中止されています（『日経サイエンス』２０１６年４月号によると、世界では２０１６年の時点で33のCO_2回収・貯留プロジェクトが停止または中止となっている）。欧州委員会の２０５０年までの脱炭素戦略では、電力部門の削減対策として、ＣＣＳ技術は一切活用を予定されていません。

水素利用について

日本は２０１７年12月に、世界に先駆けて水素社会をつくるとして、２０５０年を視野に入れた水素基本戦略を策定しました。低コストの水素を作り、国際的な水素サプライチェーンを開発し、電力分野や燃料電池車で使用することを目指すとしています。再エネの導入拡大時に、調整電源、バックアップ電源が必要なので、天然ガス火力発電等と同様水素発電所を作り、２０３０年に発電量１ＧＷ、将来的に15～30ＧＷ（日本の発電容量は約２８０ＧＷ）を目指し、燃料電池車も２０３０年に１２００台を目指すとしています。

基本的なことですが、水素は一次エネルギーではなく、化石資源のガス化や電力による水の電解によって生み出される二次エネルギーです。再エネ由来の水素はカーボンフリーですが、褐炭などのガス化で製造する水素は、製造時に大量のCO_2が発生し、ＣＣＳを用いないとカーボンフリーにはなりません。ＣＣＳが頼りない今では、褐炭等の利用はできません。しかしながら、水素基本計画には、供給・調達先の多様化による調達・供給リスクの低減という言葉が入り、褐炭など海外の安価な化石燃料が想定されています。さらに、水素は効率的な輸送のため、高圧での圧縮、もしくはマイナス２５３℃以下で液化が行われますが、この場合、水素の持つエネルギーの半分程度が失われてしまいます。また、水素は金属の脆化を引き起こすので、配管等の維持にも大きな問題があります。

自然エネルギー財団は、「脱炭素社会へのエネルギー戦略の提案」の中で、日本の水素基本戦略について次のように書いています。「自然エネルギーで電力の１００％を供給する段階では、グリッドの効率的な運用や連係線の増強、蓄電池の活用などとともに、余剰電力を吸収する手段として水素を製造し、また発電用に水素発電を用いる可能性もなくはない。しかし、日本にはすでに27・５ＧＷもの巨大な揚水発電設備がある。水素発電が調整電力としても大きな役割を果たすことは想定が難しい。また水素基本戦略はＬＮＧサプライチェーンを例示として示し、水素発電を電力供給の本体に位置付けようとしているようにも読み取れる。このような利用方法に経済合理性を見出すのは困難である」

第3章

日本の温暖化対策、エネルギー政策の現状

パリ協定に基づく成長戦略としての長期戦略

政府はパリ協定で策定を義務づけられた長期戦略を令和元年6月に策定しました。長期計画の中の「基本的な考え方」では、日本は今世紀後半の早期に「脱炭素社会」の実現を目指し、1・5℃の努力目標実現に貢献すると強調しています。そして、太陽光や風力など再生可能エネルギーの主力電源化を目指すのと並んで、温暖化対策を新たなイノベーション（技術革新）や投資を促進する「成長戦略」と位置づけたのが特徴的です。しかしながら、イノベーションを強調していることが、現在すでに存在するさまざまな温暖化対策を無視することにつながっているという批判があります。

どのようなイノベーションが強調されているのでしょうか？　具体的には、CO_2を回収し、地中に貯留する技術（CCS）を2030年までに石炭火力発電に導入、CO_2をメタンガスなどの燃料や建設資材などにつくり替える技術（CCU）を2030年以降に実用化することを目指すとし、あるいは水素の製造費を2050年までに現在の1割以下にし、天然ガスより割安にして普及を促すと明記。さらには事故の危険性を抑えるとされる次世代原子炉の開発を進めることも盛り込みました。ところが、CCS、水素社会については、前章で述べたように、実現には大きな問題があります。また、ここで初めて出てきたCCUとはCO_2の再利用ということで、資源エネルギー庁に「カーボンリサイクル室」を設け、G20首脳会議の目玉商品にしたのですが、経産省自身が全く商用化のめどが立っていないと認める程度のものでした。

もう一つ、長期戦略での石炭火力の位置づけにも問題があります。長期戦略のベースになった有識者会議の提言では、石炭火力について、当初の北岡伸一座長（国際協力機構理事長）の案に「長期的に全廃に向かっていく姿勢を明示すべきだ」とあったのが、中西宏明経団連会長ら財界出身の委員から異論が出て、「依存度を可能な限り引き下げる」と表現が後退し、「全廃」の文字は消えたという経緯があったのです。原発についても新たな原子炉技術の開発のほか、足元の政策として「再稼働を進める」「利用を安定的に進める」としています。原発を重要なベースロード電源と位置づける国のエネルギー基本計画に沿った内容ですが、現状は再稼働が９基にとどまっています。

全体として、長期戦略の評価は、「目先の痛みを回避し、将来の技術開発に頼ってばかり」（毎日４月６日社説）の感は否めず、「今の削減ペースでは（２０５０年に80％削減の目標）達成がほぼ絶望的だ。もう一段の対策が要る」（日経５月５日社説）との見方をされています。

日本の石炭火力発電に対する強い批判

現在世界では、カナダと英国政府が中心となり「脱石炭連盟」が発足し、ＯＥＣＤ35カ国のうち少なくとも20カ国が石炭火力の縮小を検討、もしくはすでにフェーズアウト期限を発表しています。ＩＰＣＣの１・５℃特別報告書は、世界のどの地域であれ石炭火力施設の余地は残されていないことを明らかにしました。

一方日本では、1990年から2017年までに石炭火力からのCO_2排出は1・0億トンから2・8億トンへと3倍近く増加しています。2000年代の日本の気候変動対策においても原発推進に依存しており、欧米で進められてきた火力発電での排出基準の設定や、カーボンプライシングの導入、自然エネルギーの導入などに真剣に取り組んできませんでした。

東日本大震災と福島原発事故により、原発頼みの排出削減対策の弱点が一気に表面化しました。電力会社は老朽化していた石油火力を稼働させ、電力の排出係数は一気にはねあがることになりました。震災以降21GWの石炭火力新増設計画が公表されました。このうち7GWの計画は、市場環境の変化に伴う採算性の悪化などで中止されましたが、1・3GWがすでに運転を開始し、8・6GWの建設が始まっています。また4・4GWが環境アセスメント中か、アセスを終えて着工前の状態にあります。震災前から日本では石炭火力設備が43・3GW導入されていました。国は2030年度の電源構成における石炭火力の割合を26%としていますが、このままでは、この見通しすら上回ってしまう可能性があります。

国は、「高効率」と定義する超々臨界（USC）以上の石炭火力の推進政策を進めていますが、その排出係数は従来型の石炭火力と大きな差はありません。世界で進む石炭フェーズアウトは、こうした「高効率」と称するものも含め、一切の石炭火力をなくしていく取り組みであり、国の政策は全く不十分なのです。

さらに、日本が海外向けに行っている石炭火力輸出支援政策も問題です。国際協力銀行（ＪＢＩＣ）、日本貿易保険（ＮＥＸＩ）、国際協力機構（ＪＩＣＡ）による石炭火力設備の海外融資及び保険引き受けは、２００９年から２０１８年末までの10年で少なくとも１６１億米ドルにのぼります。また日本のメガバンクも化石燃料資源への投融資額は世界のトップレベルです。こうした投融資は、これまで『先進的な石炭火力技術』を使うことによるＣＯ$_2$排出量の削減、電化や貧困対策という名目で推進されてきました。しかし、途上国においても自然エネルギー価格の劇的な低下やエネルギー需要の変化により、支援の根拠は失われています。日本企業の石炭火力事業が続けられれば、被援助国での石炭火力利用と二酸化炭素排出が固定化され、結果的により安くかつ汚染の少ない自然エネルギーへの転換を遅らせることになります。

（この節は、日本の石炭火力発電を厳しく批判する、自然エネルギー財団の「脱炭素社会へのエネルギー戦略の提案」に基づいて書かせていただきました）

２０３０年のエネルギーミックスについて

実は、日本が２０１５年にＣＯＰ21のために提出した、２０３０年までの温暖化ガスの削減率（ＮＤＣ＝Nationally Determined Contribution）、２０１６年に閣議決定された地球温暖化対策計画、２０１８年第5次エネルギー計画のすべてが、資源エネルギー庁が２０１５年に作成した「長期エネルギー需給見通し」に示された2030年の「エネルギーミックス」に基づいてつくられているのです。「エネルギーミックス」とは、2030年の電源構成を見通したもので、電気が石油、石炭、LNG、原子力、再生可能エネルギーによってどのような割合でつくられているかが示されています。私は、この見通しが経済産業省においても環境省においてもかなりの期間、政策の前提とされているところから、これをつくる時に大きな政治的合意がなされているように見えます。このエネルギーミックスがどのような政策判断によってつくられたか、スマートエネルギー情報局、宇佐美典也氏の2015年5月14日の記事から抜粋しましょう。

(1) 原子力と再エネ電源の発電比率は、原子力が20~22%、再エネが22%~24%と一定の幅を持たせる形で決着がついた。

(2) 固定価格買取制度の予算は原子力発電による燃料費の削減分から手当てされることが明確化された。これにより原子力政策と再エネ政策は一体的なものとなった。

(3) 再エネ政策の趨勢としては、太陽光発電の開発は今後抑え込まれ、バイオマス発電の開発が進むことが見込まれる。

(4) 原子力発電に関しては、「新規の原発の稼働」と「40年を迎えた原発の廃炉」、そして「追加投資による20年の運転期限の延長」のバランスを取りながら、稼働水準を20%程度に保つよう努力が図られることになる。

(5) 温室効果ガスの削減目標もエネルギーミックス目標に準拠したものとなり、今後、温室効果ガスの排出量が多い火力発電の建設は環境省が厳格に管理していくものと推測される。

このように、このエネルギーミックスは、地球温暖化対策の切り札となる太陽光発電や風力発電をほとんど増やさない前提でつくられていたのです。だからこそ、このエネルギーミックスを前提につくられた、ＮＤＣを含む日本のすべての計画については、地球温暖化対策に対して後ろ向きだと評価されるのです。このスマートエネルギー情報局の記事を、そのまま鵜呑みにするわけにはいきませんが、その後再生可能エネルギー、特に太陽光発電に対してとられた抑制的政策や、原子力発電所の再稼働への動きを見ると、このような合意がなされていたのかと考えたくなります。

この２０３０年におけるエネルギーミックスが、日本政府が２０１９年に提出した長期戦略にさえ反映してしまったのです。このエネルギーミックスに基づくと、２０３０年のエネルギーミックスだけを考えて行った高効率火力発電所建設など、さまざまな投資が無駄になり、あるいは２０３０年以降は、すさまじいスピードでエネルギー転換を行わざるを得なくなり、日本経済に大きな傷跡を残します。

エネルギー基本計画について

日本政府は２０１８年７月３日に「第５次エネルギー基本計画」を閣議決定しました。第４次基本計画から４年ぶりの改定となり、脱炭素化への挑戦などの、あらたな言葉が取り込まれましたが、長期的な電源構成については2015年7月に閣議決定した「長期エネルギー需給見通し」の中で示した2030年目標を据え置いています。石炭火力発電に対する批判や、再生可能エネルギーへの期待があるなかで、それを目標値に反映させることをしなかったのです。あるいは従来から問題とされている、「ベースロード電源」「ミドル電源」「ピーク電源」の区別や、再生可能エネルギーをこれらのいずれにもあてはまらないものとして軽んじていることも一緒です。さらには新しい観念として、「技術自給率（日本の技術で賄えるエネルギー供給率）」という観念を持ち込み、国産技術として原子力発電の重要性を謳い、中国で技術開発が進む太陽光発電を警戒する姿勢を見せています。石炭火力発電に対しては、非効率な石炭火力をフェードアウトし、石炭ガス化複合発電（ＩＧＣＣ）や石炭ガス化燃料電池複合発電（ＩＧＦＣ）等の次世代高効率石炭火力発電と炭素回収・有効利用・貯蔵（ＣＣＵＳ）の実用化を行うとしています。

現在のエネルギー計画については、あまりにも非科学的なものとなっており、検討の対象にもならないといわざるを得ません。

地球温暖化対策計画について

日本の地球温暖化対策計画は、平成28年5月に閣議決定されたものです。内容をみると、これまでのエネルギーミックスをそのままにしながら、社会が積み重ねてきた効率化や省エネ、再生可能エネ

ルギー導入も含めてもう一度すべての分野で深掘りして、二酸化炭素排出をなんとか２０３０年に２０１３年度比26％減少させようという方向性でつくられたものです。

計画の内容を見ると、社会の各パートで実行すべき政策が並んでいますが、産業界に自主的取り組みを求めるものが多いのは問題です。そして、30年のレベルから排出量を減少させようとすると、これからつくる高効率火力発電所も含めて、いろいろな分野で無理・無駄がでてきます。それよりもまず、エネルギー政策を地球温暖化対策の中心に据えるべきです。この地球温暖化対策計画についても一からつくり直す必要があります。

国際社会から求められているもの

２０１９年９月23日に、ニューヨークにおいて国連気候行動サミットが行われ、アントニオ・グテーレス国連事務総長は、各国に

- １・５℃の地球温暖化に関するＩＰＣＣ特別報告書と整合する、具体的かつ現実的な計画づくり
- ２０２０年までに自国が決定する貢献（ＮＤＣ）を引き上げること
- 今後10年間で温室効果ガス排出量を45％削減し、２０５０年までに正味ゼロを達成すること

を求めています。

そして、ドイツや世界銀行などが中心となるClimate Transparencyというグローバルパートナ

ーシップは、日本に対し、次の三つの明確な呼びかけをしています。

#1　2030年NDC目標の引き上げ

#2　高い水準のカーボンプライシングの導入

#3　次期エネルギー基本計画での石炭フェーズアウトの明示

私も、まずこの三つの要請に応えることが、日本の責務であり、日本を脱炭素に向けて転換させる契機となると思います。第2章でも述べたように、カーボンゼロをもたらす技術はありますので、あとはどうやってやる気になるかなのです。そして、なんといっても再エネの供給力を拡大することが、今もっとも急がれることです。この本でも、日本の産業競争力を失わないため、そして国民に負担をかけないため、再エネ供給をどのように拡大するかを国内供給、海外からの購入の両面から検討していきます。国内的な問題については、この章の残りの節で扱い、海外からの購入等については第7章で述べることにします。

電力システム改革について

電力システム改革は、それまで垂直統合体制が基本形態であった電力事業について、競争が可能な発電や小売りと、規制が必要な送電・変電・配電と系統運用（ネットワーク機能）との分離を行い、発電と小売りを自由化しようというものです。民営化政策を進めていた英国が1980年代から取り組みを行い、２０００年代に入ってからはＥＵも両機能の分離と小売りの全面自由化を行っています。その効果は、結果的には小売分野は最初の段階で参入した多くの会社が撤退し、各国とも数社の寡占状態に戻り、電力料金が安くなったということもありません。しかしながらＥＵでは消費者がいろいろな国で、さまざまな方法で発電された電力から使用する電力を選ぶことが可能になり、再生可能エネルギーの市場参入が進んだという効果がありました。

日本では、福島第一原子力発電所事故で50ヘルツ、60ヘルツの周波数変換所の不足、各電力会社の管理エリア間をつなぐ連系線の不備が指摘され、地域ごとに独占事業者が集中管理する電力供給体制では大規模な事故に十分に対応できないということが明らかになりました。そこで、２０１３年４月に「電力システムに関する改革方針」において、

①広域的な送電線運用の拡大（２０１５年４月・広域的運営推進機関*の設立）
②小売りの全面自由化（２０１６年４月）
③法的分離による送配電部門の中立性の一層の確保（２０２０年４月まで）

を柱とする大胆な改革に取り組むことが閣議決定されました。

制度設計にあたっては再生可能エネルギーの導入拡大等に対応するため、政府が示す政策方針や、広域的運営推進機関が策定する計画に基づき、東西の周波数変換設備や地域間連携線等の送電インフラの増強を進めると、一応は決められていたのです。

＊「**広域的運営推進機関**」（認可法人）とは、すべての電気事業者が加入し、地域を越えた電気のやりとりを容易にし、

災害などによって電力が不足した時に、地域を越えた電力の融通などを指示することで、停電などが起こりにくくするものです。また、全国大で需要・供給の調整をする機能の強化などにより、再生可能エネルギーなど、出力変動の大きい電源の導入拡大等に対応します。供給力が不足すると見込まれる場合に、広域的運営推進機関は、発電所の建設者を公募する仕組みもあります。

このように今回定められたシステムは、大枠は一見、広域系統運用の拡大にも、再生可能エネルギー導入にも好意的なシステムに見えます。ところが残念ながらその後の政権交代もあり、**現実の運用は、再生可能エネルギーに大変厳しいものになりそう**なのです。

再生可能エネルギー普及の障害について

現在の大手電力会社は、電気の安定供給を行うことが自らの責任であり、誇りでもあります。これまでつくり上げてきた電力供給インフラや電力構成（エネルギーミックス）を維持したいという強い思いを持っています。新電力や再生可能エネルギーは、いわば厄介な存在なのです。それゆえ、再生可能エネルギー導入に、一般消費者にわからない形で邪魔をしようとしているのです。

×再生可能エネルギーの接続拒否

資源エネルギー庁は「再エネ特措法施行規則」改正し、一般電気事業者の再エネ買取義務に「接続可能量」という上限を設定しました。これは、電源のうち原子力・水力・地熱の「ベース電源」と需給バランス調整のために待機させておく火力電源を優先的に系統に接続させ、需要からそれらを差し引いた「接続可能量」を買い取りの上限とするもので、他の電力会社との電力融通は考慮しないで決められています。

このために、北海道では再エネの設備認定量が2・87ＧＷあるのに、接続可能量は1・17ＧＷしかなくなり、九州でも設備認定量が17・76ＧＷあるのに接続可能量は8・17ＧＷしか認められていません。

ＥＵでは、原子力・石炭火力よりも再エネを優先給電することが定められている上に、再エネを出力抑制しなくてはならない時も補償があります。日本は無補償。このように、大手電力会社側の都合によって、再エネの運転や投資がシャットアウトされているのが現状です。（接続可能量・空き容量➡実潮流・柔軟性　本章後半のＡ、Ｂへ）

×再生可能エネルギーと表示できない

新電力が「再生可能エネルギー」を発電所から買って販売しようとする場合に、「再生可能エネルギー」と表示してはならないことになりました。これは再生可能エネルギーを再生可能エネルギーたらしめている「環境価値」は全消費者が対価を払っている以上、補助を受けた電力をさらに「再生可能エネルギー」として販売するのは価値の二重取りだというほとんど言いがかりに等しい理由によるもので（なぜなら、環境価値は二酸化炭素を排出していないところにあり、その性質は国民から補助を受けようがどうしようが変わらない）、「ＦＩＴ電源」としか表示できなくなりました。（再生可能

エネルギーの便益　本章後半のDへ）

×家庭用託送料金が高い

託送料金とは、電力会社が所有する送配電設備を発電事業者や電気小売事業者が利用する場合の料金です。送電網の広域利用により、北海道電力の電気を東京でも利用できるようになったのですが、それには東京電力の場合、１ｋＷｈあたり８・61円という託送料金が上乗せされるので、他地域の電気は割高になってしまいます。ＥＵ内では国内外でこの託送料金は一定です。

×系統増強費用の新規業者負担と広域系統連系の不備

ドイツでは、再エネの受け入れにより必要が生じた場合、電力系統管理者に系統増強義務を課しています。この増強費用は、管理者が電力料金で回収することになります。日本ではこのことが再エネ特措法などにはっきりと明記されていません。再エネ特措法の改正を行い、系統増強の義務づけを明記することが必要です。また電力システム改革により、広域的運営推進機関が系統連系、運用の拡大をすることになりましたが、現在予定されている周波数変換装置の増強や地域間連携線の増強は非常に小規模で、将来的にすぐに足りなくなることが目に見えています。（原因者負担➡受益者負担　本章後半のCへ）

再生可能エネルギー固定価格買取制度の費用膨張について

「再生可能エネルギー固定価格買取制度」は、再エネ発電事業者が発電する電気を、政府が定める固定価格で買い取ることを電力会社に義務づける制度です。電力会社は買い取った電力を卸売電力市場で販売して収入を得ます。しかし、再エネの固定価格は卸売電力市場価格よりも高く設定されるので、再エネ買取費用と、再エネ電力販売収入の差額を「賦課金」として電力料金に上乗せし、電力消費者から徴収することで電力会社はその差額を回収できます。したがって買取制度は、電力消費者の負担で再エネ拡大を進める仕組みだといえます。

固定価格買取制度の課題の第一は、費用膨張です。ドイツのように再生可能エネルギーの総電力消費に占める割合が25～30％に至ると、費用の問題が顕在化してきます。しかしながらドイツでは、この問題は、２０１４年法改正を経てほぼ解決されました。

京都大学教授の経済学者、諸富徹氏は次のように述べています。

ドイツの再エネ政策を失敗という批判者は誤りである。

第一にドイツの電力総消費に占める再エネ比率は、２０２５年までに40～45％に、２０３５年には55～60％に、そして２０５０年には80％に引き上げるという政策目標はいささかも変更されていない。

第二に、再エネ拡大政策により、ドイツは関連投資の増大、雇用増加、電力価格の低下による生産

費低下という恩恵を受けており、全体として再エネ拡大政策はドイツ経済に恩恵をもたらしていることがはっきりしてきた。

第三に、再エネ拡大政策による費用膨張はドイツでも大論争を引き起こし、2012年と2014年における「再生可能エネルギー法」改正につながった。だが、再エネに対して助成を行うというスキームには何も変わらず、手法がより市場化したということである。試行錯誤を経て、ドイツの再エネ政策はさらなる拡大を目指しつつ、費用膨張をコントロールする手立てを見出したといえよう。

再生可能エネルギーへの転換は、地球を持続可能にするための投資でした。しかし2030年度に年間4兆円に拡大すると見込まれる買取費用は確かに巨大です（農業分野で減反政策に使用された補助金は年間2000億円です）。これは、価格を決めた当初の予想以上に早く、太陽光発電の導入が進んだことと、バイオマス、洋上風力（私はこの二つはそれほど伸びると思わない）などの伸びを大きく見積もっているからだと思われます。しかし、今後は太陽電池等の価格の低下に従って買取価格を下げていけばよく、4兆円の負担がずっと続くわけではありません。ドイツが、消費者の負担でこの再生可能エネルギー革命の門戸を開いたように、再生可能エネルギーへの転換に要する費用は、基本的に広く薄く電力使用者に負担していただくべきだと考えます。（➡費用便益分析 本章後半のDへ）

再生可能エネルギー系統連結の今後

再生可能エネルギーの系統連結に詳しい京都大学の安田陽特任教授によると、再エネの系統連系問題とは、新規テクノロジーに対する参入障壁であり、日本で「問題だ、問題だ」と言われているものが、実は一足先に電力自由化を実現した欧州や北米ではほとんど問題になっていなかったり、10～20年前に解決した問題だったりすることもあるということです。安田教授は、**「今後は、電力システム改革による発送電分離により、送配電会社が収益性を高めるため、実潮流Ⓐをセンシングやモニタリング技術でインテリジェントに観測・予測して、今ある既存の流通設備を賢く使い、エリア内にある既存設備から得られる柔軟性Ⓑを賢く集めそれを活用し、送配電線の増強・新設費用は、新規参入者である再エネに課されるのではなく、受益者負担Ⓒの原則という考え方で託送料金に課され、消費者が広く薄く負担します。その理論的根拠となるのが費用便益分析Ⓓです」**と述べられています。

このコメントの中のキーワードを説明します。

Ⓐ 実潮流

これまで送配電業者が重要視してきた「空容量」は、送電線に接続された発電所がすべてフルに設備容量で発電した時（最過酷断面）などを基準に算定され、現実には送電線が空いているにもかかわらず、再エネ業者の参入を阻んできました。海外では実潮流を実際に測定し、それに応じて電力システムの運用を行い、あるいは将来の想定潮流も詳細シミュレーションで計算しています。電力システム運用の最前線では、さらに動的線路定格（DLR：Dynamic Line Rating）という方法（電線に実際かかっている負荷をセンシングやモニタリングで認識して電流容量を決める）が使われ出しています。これによると電流をより多く流せることがわかりました。このような運用方法がとられるのは、「今あるアセットを賢く使う」ことが送電会社にとっても、市民にとっても便益があるからだとされています。

Ⓑ 柔軟性

柔軟性とは、簡単に言うと系統（電力システム）を確実に運用しながら、さまざまなタイムスケールで需給バランスの変動に対応する能力ということですが、①**調整**（オン・オフ）可能な電源。火力発電、貯水式水力発電など ②**エネルギー貯蔵**。揚水発電、蓄電池等 ③**連係線**。隣接するエリアとの連係線の運用 ④**デマンドサイド**。需要の調整の四つに分類されます。これらを上手に使い分けることが大切だといいます。日本では、電力会社の意思決定層にこの柔軟性の概念が浸透せず、合理的な選択手順がとられておらず、それが「系統連系問題」を生み出しているといわれています。再エネ導入、すぐに蓄電池、とも、ならないわけです。

Ⓒ 受益者負担

これまでの「原因者負担」と対置される考え方です。海外の送電網投資については、広く国民に便益を与えるという概念のもと、費用負担は国民が行うという原則が確立され、また、場所によって便益に差が出る場合は、便益に合わせて費用負担をするという受益者負担の原則が明確になっています。その理由は、原因者、すなわち発電事業者がそれぞれに個々に対策をするよりも、送電会社が全体で一括してまとめて対策を行った方が技術的にも容易で、社会全体のコストが安上がりになるからです。

Ⓓ 費用便益分析

欧州の送電会社の連盟である欧州送電事業者ネットワーク（ＥＮＴＳＯ‐Ｅ）の「系統開発10ヶ年計画」の２０１８年版では、２０３０年までに１６７路線もの送電線の新設・増強が欧州全体で計画されています。コストをかけることができるのには理由があり、それが費用便益分析です。便益の中に、燃料費の削減や、ＣＯ^{2}排出量対策が含まれており、送電網の拡充により再生可能エネルギーが導入でき、化石燃料のコストを減らすことを便益として分析を行っているのです。２０１９年の世界の電力部門への投資状況を見ますと、再生可能エネルギーへの投資は38％、原子力が６％、火力発電が15％に対し、電力系統への投資が37％になっています。まさに「再エネのせいで系統コストがかかる」のではなく、「再エネのおかげで系統インフラの投資が進む」という認識が広がっています。

新たに開設される電力市場について

龍谷大学政策学部教授の大島堅一さんは、ＮＰＯ法人気候ネットワークが配信する「気候ネットワーク通信」の中で、日本の電力システム改革や電力市場についてコメントされています。ここでは深くは触れられませんが、大島教授の指摘の重要点を抜粋しておきます。

●電力システム改革の一環として創設される四つの市場（非化石価値取引市場〔以下、非化石市場〕、容量市場、ベースロード市場、需給調整市場）のうち非化石市場、容量市場、ベースロード市場は電力市場をいたずらに複雑化、細分化するもので、基本的に不要であり、現在予定されているものとは別の方法をとるべきである。

●非化石市場が設けられるのは、「エネルギー供給構造高度化法」に基づき、小売電気事業者に対し、2030年度の販売電力の44％を非化石電源からのものにすることが義務づけられたからである。小売電気事業者は、この義務を満たすために販売電力の44％に相当する量の非化石価値証書を調達しなければならない。一見すれば、非化石電源の割合を増やすのであるから、環境保護的であるかのようにみえる。しかし、非化石比率44％は、環境保護とは直接関係の無い無意味な数値である。なぜなら、非化石の中身も、化石の中身も問わないからである。非化石には原子力と再生可能エネルギー、化石にはLNG、石炭、石油が含まれている。非化石比率を遵守しても、非化石のなかに原子力が多く含まれれば再エネは相対的に少なくなる。また、非化石比率さえ達成できれば石炭火力が増えてもよい。0・37kg-CO_2/kWhという排出係数目標は、電力会社が集まった電気事業低炭素社会協議会が定めた日本全国規模での自主的目標にすぎず、個別の小売事業者が責任を持つものではない。非化石比率と非化石市場に気候変動対策上の意味はない。本来であれば、電気の排出係数規制を設けなければならない。

●容量市場は、電気を供給しうる発電設備の容量を確保するために設置するとされている。容量の確保の方法は各国違っており、ドイツのように容量市場がない国もある。日本は容量市場を選択したので、これを介して容量を確保することになった。

容量市場の基本的考え方は、日本全体で必要な供給力の量を電力広域的運営推進機関（以下、推進機関）が定め、この量を満たすために、発電事業者が「発電設備を発電可能にしている」ことに対価を支払う制度である。容量の買い手は推進機関で、推進機関は当該年に必要な容量を提示してオークションを実施する。発電事業者はこのオークションに参加する。推進機関が買い取る価格は、推進機関が定める供給曲線と、発電事業者の入札によって定まる需要曲線との交点で決まる価格（約定価格）となる。発電事業者は、この約定価格で支払いを受ける。推進機関が発電事業者に支払うためのお金は、小売事業者から容量拠出金として回収する。容量拠出金は消費者の電気料金を通じて回収される。

容量市場の問題点を二つ指摘する。第一に、容量市場において再生可能エネルギーは低い評価を受ける。推進機関の審議会では、再生可能エネルギーの供給力が設備容量の20％程度になるという試算が示されている。これは国際的に標準となっている評価手法からえられる「容量クレジット」からすれば非常に低い。第二に、対象となる発電設備について既設、新設の区別がない。つまり、既設の発電所をもつ大手電力会社は収入を得やすい。既設の発電所は、総括原価方式の電気料金によって発電設備の建設費用が回収されてしまっているので、その分、多額の「棚ぼた利益（windfall profit）」が発生する。これは既設の発電設備をもつ大手電力会社に対する巨額の補助金とも言える。もちろん石炭火力や原子力も容量市場に参加できるので、約定すれば石炭火力からも原子力からも収入が得られる。

●炭素排出ゼロに向かう保証も、電力システム改革にはビルトインされていない。新たに開設されるようになった市場ではあるが、できるだけ早期に見直す必要がある。

第4章

世界の温暖化対策、エネルギー政策の現状

２０１５年12月に世界中の喝采を浴びて誕生したパリ協定。しかしながらそれから4年の道のりは、再生可能エネルギー生産の爆発的な増大があった一方で、トランプ政権によるアメリカのパリ協定離脱など、平坦なものではありませんでした。この章では、まずパリ協定についての基本情報からはじめ、２０１９年のＣＯＰ25でパリ協定に関して話し合われたことを書きます。その中で、日本などが主張する市場メカニズムがパリ協定の中で生き残るのは難しいことが見えてきました。次いで、パリ協定批准後、各国や金融機関、企業が地球温暖化にどのように取り組んできたかを報告します。化石資源産業への補助金や融資が縮小され、関連産業が厳しい現実に直面しています。一方で、ＥＵ－ＥＴＳなど世界各地で施行された排出権取引のもつ限界も明らかになってきました。そして今、アメリカの政治の場において、地球温暖化対策が最大の政治課題となり、両陣営がぶつかり合っています。世界が今直面する対立の構図が明らかになり、対立をアウフヘーベン（止揚）する必要が見えてきました。

パリ協定で決定されたこと

パリ協定は、不遵守が国際協定違反になる法的拘束力を持つ協定です。しかし、あまり厳しすぎると、協定に入れない国が出るので、排出削減の**数的目標達成は義務ではなくなり**ました。その代わり、**目標の提出**と**国内対策**を義務づけし、同じ制度のもとで報告させ、多国間で検証して、国際的に**さらしもの**にすることで遵守させる仕組みになっています。

1 温度目標

パリ協定2条に、パリ協定の目的は、工業化以前からの平均気温の上昇を、２℃を十分に下回る水準にすることであると書かれ、１.５℃への抑制を努力目標にしています。これまでＩＰＣＣの報告書やカンクン合意でも要請されていたことですが、条約本文に２℃、１.５℃目標が記載されたことは画期的です。

2 削減目標

パリ協定4条1に、排出量のできるだけ速やかなピークアウトとピークアウト後の急速な削減が必要だとしています。さらに今世紀後半に世界全体の人為的な排出と人為的な吸収を均衡させるという目標を設定しています。人為的な吸収は微々たるものですから、「人為的な排出をゼロにする」ことを意味します。これもＩＰＣＣの第５次報告書の科学的知見に沿ったものです。

3 締約国の削減の義務

パリ協定4条に、国別目標の提出と国内温暖化対策の義務づけがあります。

すべての国が国別に定める「貢献＝排出量削減目標 Nationally Determined Contributions（ＮＤＣｓ）」を作成し、報告し、保持することを義務としています。この国別目標は、それまでのその国の目標を超えるもの（progression beyond）で、その国ができる最も高い削減水準（highest possible ambition）でなくてはならないとされています。その達成のための国内措置も義務づけ、各国の目標を積算した全体目標が、科学的に２℃未満達成経路と整合するかを検証した結果を受けて、５年ごとに国別目標（ＮＤＣ）を提出すること（5年サイクル）が定められています。この京都議定書にない5年サイクルの導入によって、パリ協定は永続性をもちました。パリ協定は、先進国に総量削減目標を義務づけ、すべての国が徐々に国全体を対象とした目標に移行（すべての国の削減目標を強化）することを求めています。

長期低炭素開発戦略（長期削減計画）を策定するよう努力する責務が規定されています。長期とは「今世紀半ば」頃で、２０２０年までに事務局に提出することが要請されています。

4 グローバル・ストックテイク

パリ協定14条1で書かれているグローバル・ストックテイクとは、パリ協定締約国会議（ＣＭＡ）が協定の実施に関して、協定の目標達成に向けた全体の進捗を評価するために定期的に行う評価・検証を指します。第1回のグローバル・ストックテイクは２０２３年に実施し、その後5年ごとに実施され、その結果は、締約国が行動及び支援を引き上げ、促進する際の指針とされます。

また、現在のＩＮＤＣが2℃目標に足りないことがすでにわかっていますから、２０２０年よりも前のタイミングで全体の進捗を確認する機会について検討されることがＣＯＰ決定で明記されています。２０１８年に締約国間で促進的対話を行うことを決定しています。

5 行動と支援の透明性

パリ協定13条で行動と支援に関する透明性枠組みを設置することが明記されています。すべての国は共通の様式やガイドラインで国別目標の進捗状況と支援の状況を定期的に報告することが求められます。そして、テクニカル専門家レビューを受け、多国間で進捗状況を確認するプロセスに参加することも義務となりました。これが「さらしものにすることによって遵守させる」、京都議定書にはなかった手法です。自国の削減の様子を国際的に監視されることになり、怠けていると一目瞭然となります。必然的に、大国の自覚のある国（排出量の多い国）は削減努力を真面目にやるインセンティブとなります。

6 資金

パリ協定９条で、先進国は途上国の緩和と適応に資金支援する義務を負うことになりました。発展途上国（中国など）も、そのような支援を自主的に行うことを奨励されています。資金動員の規模は継続的に引き上げることとされています。

ＣＯＰ21でパリ協定以外に決まった決定は、「パリＣＯＰ21決定」と呼ばれていますが、このなかで、先進国は年間１０００億ドルを動員する資金支援目標を２０２０年以降も２０２５年まで継続すること、２０２５年までに年間１０００億ドル以上の新たな全体目標を設定することが書かれています。ただし、法的義務ではありません。

7 適応・損失と被害

パリ協定では、７条で適応（適応能力・レジリエンスの向上等）のグローバルゴールが設定され、すべての国は適応計画プロセスに従事し、実施することが急務とされています。８条では、気候変動の悪影響によって、適応では防ぐことができず発生してしまう損失や被害に対して国際的な対応の仕組み（早期警戒システム・災害緊急対応・リスク評価管理等）を強化していくことが書かれています。「パリＣＯＰ21決定」のなかで、気候変動によって移動を余儀なくされることに関するタスクフォースの設立も示されました。ただし、アメリカなどの主張により、８条は法的責任や保障問題の基盤とならないとされました。

ＣＯＰ25までの進捗と、ＣＯＰ25の位置づけ

２０１５年12月に採択されたパリ協定は、２０１６年11月４日に発効、２０２０年１月21日時点で１８６カ国＋ＥＵが批准し、世界の排出量の97％をカバーしています。その後ＣＯＰでの会合が重ねられ、パリ協定で定められた基本ルールを実施するための詳細ルールが討議されてきました。２０１８年のＣＯＰ24では１００頁超にわたる実施指針が採択され、パリ協定は予定通り２０２０年からスタートする準備が整っています。

この間、２０１８年「１・５℃特別報告書」、２０１９年の「海洋・氷雪圏特別報告書」「土地に関する特別報告書」生物多様性に関する「ＩＰＢＥＳ地球規模評価報告書」などによる、地球温暖化、生物多様性問題に関する科学的知見が深まり、度重なる地球規模の気候災害もあって、かつてないほどの気候変動への危機感が高まってきました（ＩＰＣＣ１・５℃報告書では、温度上昇を１・５℃に止めるためには、２０５０年のCO_2排出ゼロだけでなく、２０３０年までの45％削減も必要だとして

います）。一方、アメリカが２０１９年11月４日にパリ協定脱退通告し、その後の初めての交渉会合としてＣＯＰ25がスペインのマドリッドで開催されたのです。

ＣＯＰ25では、「パリ協定６条」「２０３０年の目標見直し」「ロス＆ダメージに関するワルシャワ国際メカニズム」がおもな議題となりました。

（1）パリ協定6条について

パリ協定６条は市場メカニズムに関する条項で、国家間の排出枠取引について（京都議定書におけるクリーン開発メカニズム（ＣＤＭ）や、日本が独自でモンゴルなど17カ国と進めてきた「二国間クレジット制度」（Joint Crediting Mechanism：JCM）などをパリ協定における目標達成に利用できるかどうか）が討議されました。

一方、温暖化対策に積極的な国は、６条の利用は最低限度に抑えるべきだと考えていました。最終的にはすべての国が「排出量実質ゼロ」を目指すこととされている中で、市場メカニズムの過度な利用は各国の対策を遅らせてしまいます。温暖化対策に積極的な国にとって、６条に関する交渉は、合意できなくても困ることはありません。利用を促進する内容で下手に合意してしまうよりは、交渉を長引かせて実質的に利用できない状態を継続させた方が、気候変動抑制の観点からは望ましいとさえ言えます。

ＣＯＰ25では、６条を積極的に活用して自国の２０３０年排出削減目標をより達成しやすくしようと試みた日本や、ブラジル、オーストラリア、中国などと、利用を最小限度に抑えるべきとした欧州や小島嶼諸国等との間で歩み寄りが見られず、次年に持ち越されました。

（2）2030年目標の見直し

パリ協定では、長期的には2℃より十分低い気温上昇幅を目指し、さらに1・5℃に向けて努力することとなっています。しかし、パリ協定が採択された2015年時点で各国から提出された2030年目標を合計しても、2℃達成には不十分であることが報告されています。また、2018年には気候変動に関する政府間パネル（IPCC）から1・5℃特別報告書が公表されたこともあり、2019年に入って2030年目標をより厳しいものに改定すべきだという声が高まっています。

COP21決定では、2020年までに、2030年目標を見直すことが求められているため、COP25では、来年に向けてできるだけ多くの国が2030年目標を見直すよう呼びかける文案が議論されました。ここでも小島嶼国などは、すべての国に対して目標の見直しを強く求める表現を希望しましたが、今から2030年目標を国内で協議する予定がない国も多く、「チリ・マドリード行動の時」と題された最終合意文書では、shall（しなければならない）といった強い表現は用いられず、COP21決定に言及し、目標見直しを推奨するに留まる表現となりました。

（3）ロス&ダメージに関するワルシャワ国際メカニズム（WIM）

これは、ＣＯＰ19にて気候変動枠組条約の下に設置された組織で、今回この活動のレビューが実施されました。現在すでに海面上昇等の影響で被害（ロス＆ダメージ）が出ている小島嶼諸国は、このメカニズムの下で、被害を補填する資金を求めており、緑の気候基金（ＧＣＦ）に対し、ロス＆ダメージへの支援を求めましたが、既存の枠組の中で検討を続けることになりました（現在、ＧＣＦは緩和策と適応策のみを支援対象としています）。

また、パリ協定の８条でも、ロス＆ダメージ対応としてＷＩＭが言及されていることから、ＷＩＭをパリ協定の下に位置づけようとする米国と、ＵＮＦＣＣ条約の下に設立された経緯を重視する途上国との間で、ガバナンスが問題となりました。ロス＆ダメージの議論は、原因者（加害者）としての温室効果ガス排出大国（先進国）と、被害を受けている途上国との間の南北問題の性格を有しています。後述のとおり米国は１年後のパリ協定離脱を通告しており、過去の最大の排出国である米国としては、ロス＆ダメージに関して批判される立場にあるＷＩＭから抜け出せることは望ましいことになります。逆に、途上国からしてみれば、この議論は米国抜きではできず、あくまで条約の下で議論を続けたいということです。

パリ協定は、最初に述べたように、削減量についての強制力をもたない協定です。ですから、パリ協定を深堀りしていっても、いずれか特定の国に、特別な対策を強いることはできないのです。ここから世界が急激に排出量を削減していくためには、理論的に、後述する世界規模の化石資源の専売公社である「世界みどり公社」が必要なのですが、それが出来上がるまでは、ＥＵのような地球温暖化に関する先進地域や意識の高い国々、あるいは自治体や産業界、市民といったさまざまなアクターの自律的な動きがますます重要になると思われます。

（この節は、国立環境研究所　社会環境システム研究センター　副センター長　亀山康子氏の報告をもとに、筆者の意見を加えて作成しました）

主要先進国の2050年目標が80%マイナスからゼロ目標へ変化

主要先進国は、パリ協定の時点で、2050年に向けて、温室ガス排出マイナス80%、今世紀後半のできるだけ早期に排出実質ゼロの実現を目指すとしていました。（仏は2016年時点ではマイナス75%）しかしながら現在G7諸国のうちイギリス、フランス、EUは**2050年における温室効果ガス排出実質ゼロを法定化**し、G7以外の国でも、ノルウェー、ニュージーランドは2030年に実質ゼロ、スウェーデン、カリフォルニア州は45年に実質ゼロ、デンマークは50年に実質ゼロを法定化しています。

そのような流れの中で、COP25議長国チリが主導し、2050年までにCO_2排出削減ゼロ（＝1.5℃目標）を目指す国や組織の同盟**Climate Ambition Alliance（気候野心同盟）**が生まれました。そこには72カ国とEU、米カリフォルニア州など14の地域、398の都市（東京都、長野県、京都市、横浜市など）、786の企業（アシックス、小野薬品工業、丸井グループ）、年金基金など、400兆円超の資産を有する27の金融機関・機関投資家が含まれています。

日本の多くの都市が**２０５０年CO_2排出実質ゼロ宣言**を行っています。東京都、京都市、横浜市をはじめとする51の自治体（12都道府県、19市、15町、５村）が２０５０年までに二酸化炭素排出実質ゼロを表明、その自治体を合計すると、人口は４９００万人（日本の総人口の39％）、ＧＤＰは２５０兆円となります。

メルケル政権「気候保護プログラム」発表

ドイツ、メルケル政権は、温室効果ガスの排出量を、２０３０年までに１９９０年比で55％減らすために、「連邦気候保護法案」を法制化しました。この法案により、ドイツの温室効果ガス排出量を２０１８年の８億６５６０万トンから２０３０年までに5億６０００万トンへ、35％減らそうとしています。

これまでドイツのエネルギー業界と製造業界は（２０１２年からは航空業界もＥＵ域内で）、２００５年にＥＵが始めたCO_2排出権取引（ＥＵ‐ＥＴＳ）に参加を義務付けられてきました。特に電力業界は温暖化対策に厳しく取り組み、シュレーダー政権が固定価格買取制度による再エネへの転換を始めたこともあって、２０１９年上半期の再エネが電力消費量に占める比率は44％に達しました（またドイツ政府は２０２０年1月、２０３８年までに褐炭と石炭を使う火力発電所を全廃する方針を明らかにしています）。このため、エネルギー業界と製造業界に属する１８７０の発電所や工場は２００５年から２０１８年までに排出量を18％削減しており、２０３０年までにはさらに30％削減するという業界目標は達成できる見通しです。

しかし、これまで自動車や建物の暖房についてはCO_2削減があまり進展していませんでした。これらの分野における２００５年から２０１８年の削減率は７％に留まっています。このため、メルケル政権は、今回発表した気候保護プログラムの重点を、交通と建物の暖房に置きました。具体的には、車のためのガソリンや軽油、建物の暖房用の灯油など化石燃料を販売する企業に対し、CO_2排出権証書の購入を義務付けています。そして、メルケル政権は、この国内で始めた交通と建物の排出権取引を、ＥＵ‐ＥＴＳにも含めるべくＥＵと交渉を行う予定です。

これに関して、メルケル政権が、建物の密閉性を高めて暖房効率を改善するための費用について、課税対象額からの控除を始めたことは特筆されます。ドイツはさらに、公共交通機関の利用を促すため、２０３０年までに10兆円をかけて、鉄道網の更新、拡充のための投資を行い、また、路面電車の拡充や市バスのＥＶ化などにも助成を行うことを決めました。ＥＶについては、普及の障害になっている充電スタンドの不足に対応するため、充電ポイントを現在の1万７０００個から、２０３０年には１００万個に増し、ＥＶの台数を現在の8万３０００台から１０００万台に増やす計画です。また、長距離輸送用のトラックについても、ＥＶ化、水素化など非炭素化の努力をするとしています。

また、ガソリンや軽油の値段が上がると、市民の負担が増大します。隣国フランスで２０１８年秋にマクロン政権が環境税を引き上げようとして、「黄色いベスト運動」という市民の抗議デモを引き起こした経験から、メルケル政権は今回の法案の中に、低所得層の市民の負担を軽減するための様々な措置を盛り込みました。再エネ賦課金の負担緩和や、家賃補助金の増額などです。

ドイツが多大な費用をかけて地球温暖化対策を実施するのは、「経済の非炭素化を進め、地球温暖化に歯止めをかけながら経済成長を行うことは可能だ」ということを世界中に示そうとしていると考えられます。

（この節の情報は、在日ドイツ商工会議所ホームページに掲載されたジャーナリスト、熊谷徹氏のレポートに基づいています）

ＥＵが「国境炭素税」の構想を打ち出す

ＥＵは２０５０年に温室効果ガスの排出をゼロにするための「国境炭素税」という構想を打ち出しました。石油や石炭に課税する炭素税は、欧州や日本など30カ国程度が導入していますが、国内の消費が対象で、国をまたぐ税の徴収は例がありません。ＥＵは鉄鋼などの輸入品に対し21年にも課税するとしています。炭素税が国内に止まってきたのは、輸入品への課税が関税に当たるためです。世界貿易機関（ＷＴＯ）は加盟国の差別的な関税を制限しています。このような禁じ手ともいえる対策にＥＵが踏み切ったのは、ＥＵ-ＥＴＳ（排出権取引）の価格が上昇し、域内の企業に配慮せざるを得なくなったからだとされています。

炭素税や排出権取引を導入する動きはセネガルやタイなど新興国にも広がっています。日本は温暖化ガスを排出するエネルギーに年間約5兆円を課税していますが、7割程度は石油やガソリンが対象です。ガソリンにはCO_2排出量1トンあたり約2万4000円が課税される一方、石炭は1000円未満に止まっています。排出量の多い石炭火力発電への国際的な批判が高まる中、ガソリンだけに高率課税する合理性はなくなっています。

早稲田大学の有村俊秀教授は次のように述べています。「EUが国境炭素税を提案するのは、排出枠の価格が上昇したことでEU内の企業が苦しくなってきたことが背景にあります。EUで新しく欧州委員長に就いたフォンデアライエン氏は、温暖化対策に熱心ですが、域内の世論を味方につけなければ政策は進められません。さらに自由貿易を推進するはずのWTOの機能が米国などの反発により低下していることで、国境炭素税のように保護主義的な政策を出しやすくなっている面もあるでしょう」「温暖化対策は一国だけでやっても意味がありません。炭素に価格をつける『カーボンプライシング』は効率よく温暖化ガスの排出を減らすことができますが、理想は世界で共通の炭素価格を設けることです。国境炭素税も理想に向けた第一歩とはいえるでしょう」「日本は地球温暖化対策税という名目で炭素税を課していますが、税率が低く十分な効果が期待できません。欧州などでは、炭素税を上げる一方で法人税や所得税、社会保障負担を減らす取り組みが進んでいます。温暖化対策と、経済活性化という『二重の配当』を得られる政策として注目を集めています」

（この節の情報は、『NIKKEI STYLE』２０２０・１・19の記事に基づいています）

諸外国における排出量取引の実施・検討状況

諸外国における排出量取引が、どの程度発展し、それがパリ協定の目標達成にどのように結びつくかを見ておきましょう。先述したようにＣＯＰ25においては、パリ協定６条についての討議がされましたが、最も熱心に市場メカニズムの利用を訴えたのは日本でした。それは京都メカニズムで発生したさまざまなシステムやクレジットをパリ協定のもとでも有効化しようとする努力でした。しかしながら多くの国の同意は得られておらず、特にＥＵは京都メカニズムをパリ協定の温室効果ガス排出量の算定に持ち込むことに反対しています。また、６条についての合意ができなくても、パリ協定の効力が失われるわけではありませんから、日本、それからいくらかの他の国々が強硬に市場メカニズム利用を進めようとすることには政治的に無理があります。それよりも、パリ協定の排出量削減目標そのものに排出権取引の基礎になる法的拘束力がなく、脱炭素をしない国をさらし者にすることによって目標順守をしようとするものですから、６条について日本がこれからもこだわると、それがすでにさらし者になっている姿になるのかもしれません。

そもそも排出権取引は、温室効果ガス削減のためのツールにすぎず、評価は排出をいくら削減できたか、というところにあります。最も早く実現し、維持されている欧州排出量取引制度（ＥＵ-ＥＴＳ）

にしても、ＥＵの排出削減にはあまり役に立たず、むしろ再エネの導入量拡大の影響の方が排出削減への影響が大きかったという評価をする人もいます。あるいは、ＥＵ-ＥＴＳにおいても、今後排出削減量が増え、製造業以外への排出量のキャップが課されるようになると、制度の維持がますます難しくなり、国境炭素税という、試行にさらに困難を伴うシステムを持ち出す必要がでてきています。ＥＵ-ＥＴＳの未来も明るくないのです。

また、国際炭素行動パートナーシップ（ＩＣＡＰ）がつくられ、ＥＵ主要国、米、カナダの数州、ニュージーランド等が、２００７年以来各国の制度を国際的にリンクする努力をしましたが、進捗の報告はされていません。

中国が２０１７年から全国レベルでの排出量取引制度を始めました。排出量取引は、参加する企業の数が限られ、国の強制力が強い状況の下では効果を発揮しますから、中国国内における石炭から再エネなどへのエネルギー転換に役立つと考えられます。

（この節は、環境省地球環境局市場メカニズム室の公表した資料『諸外国における排出量取引の実施・検討状況』及び、一般財団法人日本エネルギー経済研究所の報告書『市場メカニズム交渉等に係る国際動向調査』（平成30年3月）にもとづき筆者の考えで記述しています）

化石資源補助金の削減

世界的な環境活動家レスター・R・ブラウンは、２０１３年にアメリカの市民の税金が環境破壊をもたらす化石資源の補助金に使われていると次のように厳しく批判しました。要約して紹介します。

「アース・カウンシル（Earth Council）の報告『持続可能でない開発の補助金』によると、世界は自分自身を破滅させるために、毎年何千億ドルもの金を費やしているということだ。気候変動の最前線では、多くの国は、化石資源の補助金をなくすことで炭素排出量を削減することができた。極端な補助金の例としては、イランが国内用途を世界の市場価格の10分の1にして、車の所有とガソリン消費を強力に推進してきたことがある。仮にイランが年３７０億ドルの補助金を段階的に廃止するとすれば、世界銀行の試算では、イランの炭素排出量は49％削減される。

イランだけではない。世界銀行は、エネルギー補助金を取り除くことで、インドで14％、インドネシアで11％、ロシアで17％、ベネズエラで26％、炭素排出量を削減する計画を立てている。すでにこれをやっている国もある。ベルギー、フランス、日本は、石炭の補助金を全て段階的に廃止してきた。ドイツも２０１８年までに石炭の補助金を完全に廃止する計画。このようにいくつかの先進工業国が化石資源の補助金を削減してきている一方で、合衆国は化石資源産業への支持を増している。私たち納税者は、石油ガス産業に３９０億ドル、石炭に80億ドル、原子力に90億ドル与えたことになる。議会はこの補助金の削減を義務づける法律の制定に失敗してきた。気候変動に直面している世界は、石炭と石油の燃焼を拡大する補助金をもはや正当化できない。この補助金を気候に優しいエネルギー源の開発に移し替えると気候の安定に寄与するだろう」

その後、世界銀行などのイニシアチブにより、イラン、インドネシアなどで、補助金が削減されています。また、オバマ政権は米国の化石資源に関する補助金の削減に取り組みましたが、トランプ政権に復帰後、補助金はふたたび増加に転じました。

日本に関しては、世界的なシンクタンクODIが世界銀行や日本の自然エネルギー財団などと協力して作成した「G7化石燃料補助金スコアカード」があります。ここには次のように書かれています。

●化石燃料補助金を段階的に廃止し、パリ協定の下で気候変動に取り組むという日本政府のコミットメント（2025年までの化石燃料補助金の段階的廃止に関するG7宣言など）にかかわらず、日本は（すべてのG7政府と同様に）財政支援や公的融資の仕組みを通し、国内および海外において、石油、ガスおよび石炭に対する数十億ドルの支援を継続している。

●日本は、その他のG7諸国との比較では、化石燃料消費に対する財政支援のレベルは低いが、石油とガスの探査および生産に対する支援は高レベルである。2011年の福島原発事故以降の原子力発電の落ち込みを補填するための取り組みによって、化石燃料への支援が再生可能エネルギーへの支援を大幅に上回る結果となっている。

●日本は化石燃料に対する財政支援に特化したレポートを発行しておらず、G20による化石燃料補助金相互評価プロセスにも参加していない。

●日本による海外での石炭火力発電所への支援継続は、国際的に厳しい批判を浴びており、現地の地域社会から反対を受けている。現在、バングラディッシュ、ボツアナ、インドネシア、ミャンマーおよびベトナムでの複数のプロジェクトが、今も政府による公的融資提供の検討対象となっている。

化石資源への融資のストップ

２０１９年12月6日、ＣＯＰ25において、ドイツの環境ＮＧＯウルゲワルドおよびオランダのバンクトラックにより、「石炭産業に投融資する世界の金融機関に関する最新調査報告書」が発表されました。その中で、日本が世界の石炭火力発電開発企業に多額の融資をしており、２０１７年から２０１９年の間に行われた日本の金融機関による石炭火力発電開発企業への投融資額は７４５０億米ドルに達するとされています。

しかしながら、同じく２０１９年9月22日には、国連本部において、責任銀行原則（Principle for Responsible Banking：PRB）の調印式が開催されました。ＰＲＢは国連のＳＤＧｓ（持続可能な開発目標）やパリ協定に整合した投融資行動を金融機関に求めるもので、日本の３メガバンクグループと三井住友信託銀行を含む１４０の金融機関が同原則へ署名しています。

国内的にも各金融機関・グループが石炭火力発電に融資しない方針を表明しています。

●第一生命ホールディングス（２０１８年5月）

新規の海外石炭火力発電には投資しない

●三菱ＵＦＪフィナンシャルグループ（２０１８年5月）

石炭火力発電に係る新規与信に際しては、ＯＥＣＤ等のガイドラインを参考に、慎重に検討する

●三井住友ホールディングス（２０１８年６月）

石炭火力発電所に対する融資方針をより厳格化。新規融資は超々臨界以上

●日本生命保険（２０１８年７月）

国内外の石炭火力発電プロジェクトに対する新規投融資を停止

●三井住友信託銀行（２０１８年７月）

国内外の石炭火力発電プロジェクトに対する新規投融資を停止　等々

各国企業の取り組み（We Mean Businessについて）

世界中の企業が、地球温暖化対策のための活動を行っています。それぞれの活動の情報交換、連携の場を、温暖化対策を推進している国際機関やシンクタンク、ＮＧＯが構成機関となっているプラットフォームが運営しています。それが、このWe Mean Businessであり、七つの領域における12種の取り組みを広める活動を行っています。

（取り組みの内容）

〔ネットゼロ〕

ＳＢＴ（サイエンス・ベースド・ターゲット）の設定の推進

ＬＣＴＰｉ（低炭素技術パートナーシップイニシアティブ）への参加

〈エネルギー〉

ＲＥ１００　企業に電力をすべて再エネ由来にするコミットを促す

ＥＰ１００　企業にエネルギー効率の倍増を促す

〈都市（Urban）〉

ＢＥＬＯＷ50　持続可能な燃料市場の拡大

ＥＶ１００　電気自動車移行へのコミット

〈土地（Land）〉

２０２０年までにすべてのサプライチェーンの一次産品（大豆・パームオイル・皮革製品・牛肉・木材・紙等）による森林破壊の停止

〈産業（Industrial）〉

メタン、対流圏のオゾン、ブラックカーボン等の短期寿命大気汚染物質の排出削減

〈実現に向けて（Enablers）〉　企業のカーボンプライシング導入を促す

企業にガイドラインに基づいた気候変動対策を実施させるＴＣＦＤ（気候関連財務情報開示タスクフォース）による提言へのコミット

〈回復力（Resilience）〉

水の安全保障の改善

We Mean Businessに含まれるＳＢＴ（Science Based Target）について簡単に説明しておきます。
ＳＢＴは、ＣＤＰ、国連グローバル・コンパクト、ＷＲＩ、ＷＷＦによる共同イニシアチブで、世界の平均気温の上昇を「２℃を十分に下回る」水準に抑えるために、企業に対して、科学的な知見と整合した削減目標を設定することを推奨して認定するものです。２０２０年1月22日現在７７９社が参加、うち目標が科学と整合（２℃目標に整合）と認定されている企業は３２５社。日本政府は、ＳＢＴの登録を積極的に支援すると誓約。２０２０年3月末までに１００社の認定を目指しています。

２０２０年米国大統領選挙の争点に気候変動対策が急浮上

この章の最後に、アメリカの政治状況を見ておきましょう。ＪＥＴＲＯの地域・分析レポートによると、２０２０年11月3日の大統領選挙の争点に気候変動問題が急浮上しているとのことです。民主党の候補者は気候変動対策を重視しており、化石燃料終結の考えを明確にしています。一方再選を目指すトランプ大統領は、パリ協定からの離脱、化石燃料の開発推進と規制緩和を次々に打ち出しています。エネルギー業界は民主党候補者の発言に警戒を強めています。

民主党候補者が共通して主張するのは、①化石燃料業界への政府補助金の廃止、②規制の再強化、③承認済みのパイプライン建設計画の取りやめ、④再生可能エネルギー社会構築のための巨額の財政支出です。これに加えて、幾人かの民主党候補は、⑤シェール・ガス生産のためのフラッキングの禁止、⑥化石燃料の輸出禁止、⑦連邦公有地での石油・天然ガス生産停止、を主張しています。

これに対して、エネルギー業界、共和党候補は、⑤について、折角獲得したエネルギーの独立や安全保障が失われ、中東や中南米産のエネルギーへの依存を深めてしまう、と反論し、⑥により（日本企業が巨額の投資を行い、米国内で天然ガスを液化してＬＮＧとして日本やアジアに輸出している）輸出ビジネスがストップするといいます。⑦については、トランプ政権が解禁した、アラスカ州東部に広がる国立北極圏野生生物保護区での天然ガス開発など、連邦公有地やオフショアでの採掘がストップし、雇用が縮小するといいます。③については、カナダ産の重質油の米国市場へのアクセスが断たれ、カナダ経済に深刻な影響がもたらされると主張します。

さらに、民主党候補が、気候変動対策へ巨額の財政支出を主張し、その財源について、キャピタルゲインや限界所得税率の引き上げ、年収１００万ドル以上の富裕層への課税など社会主義的な手段に頼ろうとしていることが批判されています。ポンペオ国務長官は、パリ協定からの離脱を国連に正式通告した11月４日に、声明で、２００５～２０１７年に米国が19％を超える経済成長を遂げる一方で、温室効果ガスを13％削減したと述べました。英紙「ガーディアン」（２０１９年10月25日）は、民主党候補者の提案は、厳密な経済分析よりも、感情やイデオロギーに基づいていると指摘しています。そして、このレポートを配信した日本貿易振興機構（ＪＥＴＲＯ）のアドバイザー木村誠氏は、民主党候補者には、自国資源の賦存状況に基づくエネルギーミックスと市場経済原理に根差した冷静な政策議論が求められている、とまとめられています。

このように見てきますと、民主党候補の主張のいくつかは、地球温暖化対策のために必須で、必ず推進しなくてはならないものですが、一方、エネルギー業界や共和党の立場からは、それらは決して受け入れることのできないものであることも理解できます。この政治的対立を経済学の観点から分析すると、この対立をもたらしているのは市場経済原理、すなわち資本主義の失敗であるといえます。資本主義とは「資源の分配と生産を、市場及び企業にゆだね、経済社会の拡大再生産を図るというシステム」ですが、今求められているのは「経済社会の拡大再生産」ではなく、「経済社会の破たんをどう防ぐか」なのであり、今求められているのは「化石エネルギーの生産」ではなくて、「化石エネルギーの生産の終了」なのです。資本主義の基本である「市場・企業」というシステム、すなわち利益の確保を求められる私企業というシステムは、生産の退出の時にはうまく機能しないのです。石油、石炭産業を一旦社会化した上で、あるべき形に持っていくということでなければ、エネルギー業界や共和党側からの反発を抑えることは不可能でしょう。この民主党、共和党の対立をアウフヘーベン（止揚）するような社会的共通資本をつくるための政治的決着はどのように達成できるのでしょうか。

私は、「世界みどり公社」すなわち世界の化石資源の専売公社という社会的共通資本が、この問題を乗り越えさせてくれると思います。次章では、この世界みどり公社について説明します。

第5章

世界みどり公社の必要性

パリ協定の問題点

第4章までで述べたように、国、自治体、企業、研究者、市民のレベルで、世界に温室効果ガス排出ゼロを目指す広い連帯の輪が生まれつつあります。しかしながら、この活動の目的は地球の温度上昇を止めることにあり、目的達成は、それでも非常に困難なことなのです。

広がりという一点についてだけ言うとしても、大きく広がるだけでなく、**すべての企業、消費者一人ひとりの行動にまで、ゼロカーボンが浸透しなければ、目的は達成できない**のです。そのためには、考え方や、コンセプトが世界に広く受け入れられるのと同時に、日常の経済生活のすべてがゼロカーボンに向かって営まれるようにしなくてはならず、そのためには、**カーボンプライシング**の導入がどうしても必要なのです。また、エネルギー分野でいうと、**再エネへの全面転換**が必要です。それが、現実の社会の中でどの程度の速さで浸透していくかが、地球温暖化と人類との闘いの分け目になります。

COP21に向けて、159カ国とEU（28カ国）の187カ国が、**国別の削減目標・行動**を提出しました。削減目標・行動を提出した国は、締約国の98％、締約国の排出量の98・6％に及びます。それ自身は、大きな前進なのですが、国際エネルギー機関（IEA）は、現在提出されている削減目標・行動は、平均気温の上昇を1℃引き下げるが、それでも2100年には、2・7℃の上昇をすると予測しています。２０３０年の段階でいうと、**２℃目標達成のための達成量の４分の１にしか達していないのです。**

パリ協定は、実際上の温暖化ガス排出削減を各国の努力に委ねていますが、本当に各国がエネルギー転換等をできるのか、既得権益側が政治的な巻き返しを行わないのか不安が残ります。その意味でパリ協定は〝始まり〟、ある交渉担当者の言葉を借りると、まだこれから育てていかなくてはいけない「赤ちゃん」なのです。**各国内で国内対策が誠実に立案、実施されるために何が必要か**を考えなくてはなりません。

また、発展途上国などが必要な資金を誰がどうやってつくっていくのか、パリ協定の中では具体的な取り決めがほとんどありません。**資金をどうするのかという問題はそのまま残っている**のです。

気温の上昇を産業革命以降２℃までに止めるという目標を達成するためには、現在の化石燃料の確認埋蔵量の２割しか掘り出せなくなると言われています。ＩＰＣＣによると、人類が掘り出した化石資源の量と地球気温の上昇はほぼ比例しています。２℃目標を達成しようとする場合の採掘可能量は７９０ＧｔＣ、２０１１年までの採掘量は５１５ＧｔＣ、２０１２年に二酸化炭素になった炭素の量は９・７ＧｔＣ、**この調子でいくと、採掘可能量は30年で使い切ってしまいます。**掘り出せなくなる化石資源の価値は20兆～30兆ドルと試算されています。**化石資源の輸出に依存している多くの国の経済が破綻**します。

この問題点を解決するためには、

＊各国へエネルギー転換へのインセンティブを与えること
＊発展途上国や温暖化の被害を受ける国々、世界的な温暖化対策に使用する資金
＊化石資源産出国や世界経済に対する何らかの配慮
　が必要です。

この三つの機能を同時に果たすシステムが、**世界的な化石資源の専売制・世界みどり公社**なのです。
それがどのようなものか説明します。

発想の原点

私が世界みどり公社を考案したのは、京都議定書の第一約束期間終了を数年後に控え、コペンハーゲンにおいて２０１３年以降のための新たな合意を行うため、ポスト京都議定書として何をつくるかを世界中が検討していた時です。パリ協定が締結された今でも、世界みどり公社の必要性はその当時と変わっていませんから、その当時の私の思考を追いながらこの組織の必要性について説明していきます。

国連気候変動枠組条約（ＵＮＦＣＣＣ）事務局長のイボ・デブア氏は、２００９年12月のコペンハーゲン会議に向けた最重要課題として、次の四つを上げています。

（ⅰ）先進国が中期排出量削減目標に合意すること

（ⅱ）開発途上国が排出量の抑制行動について合意すること
（ⅲ）開発途上国の適応策および緩和策を支援するための先進国からの資金提供について合意すること
（ⅳ）資金メカニズムのガバナンスの制度的枠組みについて合意すること

この四つは、どれ一つをとっても各国の同意を得ることが大変困難な問題でした。しかし私は、そこに化石資源の専売制というシステムを持ち込むと、四つの問題が同時に解決できることに気づいたのです。

まず（ⅰ）についてですが、各国が排出する温室効果ガス（ＧＨＧ）の量は、各国が使用する化石資源量とほぼ比例します。従って、その国がＧＨＧ排出の削減に合意するということは、その国が使用する化石資源量を削減するということなのです。

国民総生産と化石資源使用量がほぼ比例していた時でしたから、それは国民総生産をそれだけ減少させることになり、各国は合意することが難しかったのです。

一方、化石資源の専売制が導入され、カーボンプライスがきちんとつけられるということになると、民間企業が自分の力で再生可能エネルギーを発電し、使用し、ＬＥＤ、ＥＶなどのエネルギー高効率機器を導入し、経済の省エネルギー・脱炭素化が進んでいきます。ＧＤＰとＧＨＧ排出量も切り離せます。各国が目標としてのＧＨＧ削減量を掲げることは必要ですが、国別削減量に国が責任を持つ必要はなくなり、各国は、どのような政策を導入するか、だけに責任を持てばいいことになります。これで、（ⅰ）の問題は解決します。

（ii）化石資源の専売公社ができると、発展途上国の人たちも、世界共通の値段で化石資源を使用することになりますから、発展途上国においてもエネルギー転換やGHGの排出削減が進むわけです。発展途上国は、化石資源の使用に頼らない、再生可能エネルギーに基づいた経済発展を行うことになります。

（iii）そして、化石資源の専売制は、非常に大きな資金をつくり出すことが可能ですから、発展途上国への対応、そして産業転換への補助金を要求していた資源保有国への対応も可能になるのです。

（iv）そして、この資金をだれが、どのように配分するかというガバナンスの問題ですが、私はこの点については、化石資源保有国への支払いや、世界共同で行わなくてはならない大事業（たとえば、民間ベースで建設不可能な送配電網や、後述するベーリング海峡ダムなど）への支払い、地球温暖化の特別な被害に対する救済、を終えた残りは、各国からの専売収入の割合で各国政府に渡し、各国が国内で地球温暖化対策や福祉の向上に使うべきだと思いますので、ガバナンスの問題は最小限に抑えることができると考えます。

パリ協定が要請する①各国にエネルギー転換へのインセンティブを与える、②発展途上国に温暖化の緩和と適応に使用する資金を与える、③化石資源産出国や世界経済に対する何らかの配慮を行う、という三つの要件も、同様に、世界みどり公社の導入によって解決できます。

それゆえ世界みどり公社は**良い方法**なのですが、ここより後に私がこの章で行うことは、もう皆さんも先験的に良い方法だと感じていただいていると私は信じている、この世界みどり公社を、いかに、これが**最良の方法**だと、論理的に説明するかという難しい試みになります。
「財団法人地球環境戦略研究機関（ＩＧＥＳ）」編の『地球温暖化対策と資金調達』に、２００８年に環境省、地球環境税等研究会が検討した、各国がＵＮＦＣＣＣ等に提案した資金調達システムが書かれています。そこに紹介されている資金調達システムだけでも42種類あるのです（後述）。そんな中で、この世界みどり公社というシステムを世界に認めてもらう必要があります。この章の最後に、このシステムと、他のシステムの比較を行いますが、答えが一つの世界ではありませんから、証明が難しいのです。

私は四つの方法で、この世界みどり公社の正当性を説明することを考えました。

一つには**バックキャスティング**という手法、それは、未来社会がうまく機能しているとしたら、そこにはこのようなシステムができているはずだ、だから今、これを行わなくてはならない、という思考方法です。

二つ目には、これまでＵＮＦＣＣＣなどで議論してきた各利害関係者の主張を受け止め、現代社会のさまざまな制約も考慮に入れて、**それを論理的に積み上げ、必要な機能を導く**方法です。

三つ目は**他の手法との比較**です、

四つ目は、これまでの**経済学の歴史**を踏まえ、世界経済のために、どのような機能をもった組織をつくるべきか、という思考から必要なシステムを導く手法で、これを第６章で説明させていただきます。

バックキャスティング

温室効果ガスの排出削減ができた世界を想像してみましょう。2050年までに世界全体で70%の削減が実施できたと仮定します。化石資源は何に使われているでしょうか？

そこでは、化石資源は化学製品の原料か、あるいは化石資源がどうしても原料として必要な他の製造業で使われており、燃料として使われることはほとんどなくなっていると思われます。なぜなら、化石資源一単位の使用で得られる経済的価値は、原料用途の方が燃料用途より大幅に大きいですし、世界のエネルギー需要は、再生可能エネルギーで賄えることがほぼ明確になってきたからです。

このように付加価値の高い産業だけに化石資源を配分するためには、どうすればよいのでしょうか？　社会主義的に、各産業や企業に生産量を割り当てるか、化石資源の使用量が目標に至るまで価格を上げる以外に方法はありません。

化石資源の需要が減る一方、化石資源の供給はそのまま存在するのですから、市場経済に任せていたのではこの価格は実現しません。先進国では現在の何分の一かになる化石資源の使用量について、世界中の企業に使用量を割り当てるのは事実上不可能ですし、非常に大きな不効率や不正が生じるでしょう。そこで、二酸化炭素排出削減ができた世界には、このような化石資源の高い価値を維持している機構が存在し、この機構が法的にも倫理的にも正統性を持っていると考えられます。

すなわち、削減が行われた世界においては、どの国家がどれだけ排出削減をするかという激しい対立はないのです。あるいは、各国がどのような方法で削減するかという国内的対立もほとんどなくなります。ただ、世界共通に高い化石資源価格が維持され、その利益を地球益にそって配分するための組織が一つあれば、問題は解決するのです。

この機能を果たす組織として、世界の化石資源を専売し、その専売利益で現在の所有者への支払いを行い、世界の温暖化による被害を受ける国々に対する補助を行い、そして各国の産業・エネルギー転換に対する補助を行う組織を想定することができます。現在私有されている化石資源に関する権利は、このような機能を持った世界機構に適切な価格をもって移転されているはずです。

価格を通じてのコントロールであれば、いかなる国も、いかなる個人も、化石資源使用についてこの機構のコントロールを受けないわけにはいかなくなります。逆にこのような世界的組織をつくらないと、地球温暖化を防止しようとする人たちの意思を、実際の化石資源使用に反映させることができません。

論理的積み上げ方式

私は、これまで行われてきた地球温暖化対策に関する国際的合意や研究が、ポスト京都議定書に求める要件を整理しました。これは、それぞれの合意や研究で使われる言葉がバラバラなこともあって、論理的にすっきりとはいかない作業でした。藪の中を探るような思考のほんの一部を①②でお見せしますが、これをたくさん積み上げて、下記の原則、機能のリストを抽出したのです。

非常に手間がかかった割には、必要条件が十分に抽出できていない、あるいは論理的な飛躍があるなどという指摘をたくさん受けました。しかしながら、この作業で、バックキャスティングと同じ結論がでることを証明、あるいは、少なくとも説明できなければ、私はこの提案を人前に出すことができないと考えたので、自分では十分な時間をかけてこの作業を行ったつもりです。

①その当時IPCCは、第三次レポートの中でGHGが50％以上削減されている2050年の社会を実現する多くの将来シナリオを検討していましたが、私は、温室効果ガスを長期にわたって減少することができるシナリオは、当時A1Tと呼ばれた、社会全体を非化石エネルギーに転換するシナリオしかないと説明しました。物質志向が減少した生活様式を導入する転換、すなわち経済構造全体の転換には、現在のさまざまな社会的価値を犠牲にするために、エネルギー転換よりもより多くの費用がかかることを指摘したのです。今ではあたりまえのようなことですが、再エネの能力の評価が低かった当時は、このポイントを言い切ることも難しかったのです。

②UNFCCCの議論や、IPCC地球温暖化第三次レポート第三作業部会報告書では、ポスト京都議定書には、費用効率性・公平性・地球規模の持続可能性と社会学習、そして「開放的な国際経済システムのサポート」が要求されるとしていました。「公平性」の原則と「費用効率性」の要請を両立させるためには、「費用効率性」を高めるため、より限界利益の高い生産活動に化石資源利用

を認めたうえで、「公平性」実現のために、発展途上国や資源保有国への補助、そして先進国に対しても、何らかの形で産業転換に対する補助をするという方法が考えられるとしました。化石資源の高付加価値利用と、自由貿易、ルール格差最少の要請（解放的な国際経済システムと同意）をすべて満たすためには、化石資源価格の世界一律の上昇が要請される、と結論づけました。

〔ポスト京都議定書の原則〕

①人道性：人間の生存と最低限の生活に対する保障
②公平性：気候条件や資源、産業などの実情に配慮した公平な負担
③経済性：資源からより多くの価値を生み出す生産活動に依存
④共通性：各国間におけるルール格差の排除あるいは最小化
⑤浸透性：各国の不遵守の問題が生じない
⑥効率性：最低限の組織と費用で実施可能

〔ポスト京都議定書の機能〕

①化石資源使用量の減少
②化石資源価格の世界一律上昇

③新エネルギー供給増大（技術・プロジェクト支援）
④発展途上国に技術・資金の援助のための十分な基金
⑤地球温暖化への適応など人道支援のための十分な基金
⑥資源保有国への賠償のための基金
⑦先進国の産業転換のための基金

そして、この原則、機能を満たすシステムとして、世界的な化石資源の専売制が考えられると結論づけました。ここで、専売制の意味について概観します。

専売制

〔目的〕

専売制とは、国が財政収入の確保あるいは国民の公益をはかること等の目的で特定の物資について、生産、販売、または流通等の事業を独占する制度をいいます。世界みどり公社においては、これまで国の財政収入の確保や、特定の産業の振興のために用いられてきた制度を、世界のＧＨＧの排出抑制のために用いようとするものです。

化石資源の使用量の減少のために京都議定書で用いられた排出権取引は、化石資源との関係でいうと消費の規制を目的とするものでした。これと比較して、専売制は生産と消費を含む経済活動全般を最も強力に規制するものです。従って、世界経済を対象に専売制が認められるのは、人類共通の重要な目的を達成する必要がある場合に限られます。地球温暖化防止のための二酸化炭素排出量抑制は、まさにここでいう人類共通の重要な目的です。

〔専売制の主体〕

専売制の主体は国家であることが通常です。しかしながら、世界みどり公社においては上記の目的を達成する、これまで存在しなかった専売制の主体を組織しなくてはなりません。

これまで、ＧＨＧ排出削減を中心になって行ってきたのは国連およびＵＮＦＣＣＣ締約国です。一方、これまで化石資源の生産・販売はＯＰＥＣ諸国や、カナダ、ロシア、アメリカなどの少数の国家が中心となって行ってきました。また、専売制の導入でもっとも経済的な影響を受けるのは、化石資源消費国の企業や消費者です。

そこで、この専売制の主体の意思決定には、少なくともこの三者の意思が反映されなくてはなりません。世界みどり公社の意思決定機関にはこの三者の利益代表が含まれ、国連が中心となって利害を調整しつつ専売制の運営を行っていくと考えられます。

ただし、これまでＵＮＦＣＣＣの資金メカニズムの運営主体は地球環境ファシリティー（ＧＥＦ）

でしたので、世界みどり公社の運営の実務は、ＧＥＦが主体となり、そこに化石資源関連の専門家を加える形でつくられていくと思われます。

ＧＥＦは１９８９年のアルシュ・サミットにおいてフランス政府が提案したことを受けて、世界銀行、国連開発計画、国連環境計画の三機関間の取り決めによって世界銀行のなかに設置されたものです。世界銀行は、その総裁のポストが米国出身者によって歴任されることが慣例となっており、またその意思決定は世界銀行への拠出金に基づく加重投票に基づいているため、先進国の影響が大きいという批判がありました。

世界みどり公社の運営においては、いかに資源国や、世界市民、消費者の意思を取り組んでいくかが課題となるでしょう。

〈独占の対象〉

公社が化石資源の独占と、それによる基金の創生と化石資源の使用量のコントロールを目的とする以上、公社を経由しない化石資源の自由な販売や流通はいっさい禁止されることになります。

公社が化石資源を獲得する形式としては、歴史的には、公社が直接資金を出して化石資源を購入する「直接的購買独占」と、公社が特定の主体に依頼して商品を独占する「間接的購買独占」、さらに公社が化石資源を自ら生産して独占する「生産の独占」の三つの形態がありました。しかし、事業規模の大きさと、現代の複雑な化石資源関連産業の現状を考えると、化石資源を獲得する形式は、企業の買収しかありえません。

問題は、どの範囲の企業を独占の対象とするかです。効率的に独占利益を得るための公社をつくろうとする公社側と、できるだけ自国内の産業を守りたい消費国・資源国側の調整が必要になります。各国内での生産量について、何らかの契約を行うことも考えられます。

〈独占の方法〉

専売制は国家権力の発現として行われましたが、そのような権力をもたない公社が専売制を行うためには、各国、あるいは企業所有者から公社に化石資源関連企業所有権を販売することで行われるでしょう。各国は、世界みどり公社を独占禁止法の対象から外すことが必要になるでしょう。

〈公社の機能〉

公社の機能を簡単にまとめます。

①専売を行うために必要な範囲で、公社は各国と協働し、適切な補償のもとに化石資源採掘、精製、商品化、販売及び備蓄等に関する組織を取得する
②公社は、公社が必要と判断する専売収益を確保するために、化石資源の販売において世界一律のカーボンプライスを上乗せして販売することができる

③公社の専売収入から、UNFCCCが指定する、世界の意思で行う地球温暖化防止に関する事業に係る経費、取得する組織に対する支払い、UNFCCCで合意された発展途上国の緩和・適応に関する基金の積立金、公社の運営に必要な経費を差し引いた残金は、加盟国に対し、加盟国からの専売収入の割合で還付する
④公社は公社運営のために必要な資金を公債の発行、世界銀行等からの借り入れなどで調達することができる
⑤公社の意思決定機関として理事会を置く

〈資金の規模〉

公社が必要とする資金量を予測しなくてはなりません。世界の各機関が出している見通しを見ていきます。

まず、英国財務省が気候変動の経済的側面に関するレビューをニコラス・スターン元世界銀行チーフエコノミストに委託し、2006年10月に公表された報告書、『スターン・レビュー』です。

このレビューでは、気候変動対策を講じなかった場合の被害額と、GHG濃度をCO_2換算で500~550ppmで安定化させるべく対策を講じた場合の対策費用を推計しています。簡単に言うと、2050年における世界GDPは110兆米ドル程度と見積もられており、対策を取らなかっ

た場合の被害額は、毎年５５０兆円から１１００兆円程度、それに対し対策費用はおよそ毎年１１０兆円程度と見積もられました。この数字には、気候変動への緩和策、適応策、技術開発などのすべてが含まれています。

次に「国際エネルギー機関（ＩＥＡ）」では、２０５０年までに世界のCO_2排出総量を２００５年レベルから半減する場合に必要とされる緩和のための資金規模を推計しており、その追加的に必要となる投資費用総額は45兆ドル（平均1兆１０００億米ドル／年）であり、うち27兆米ドル（平均６０００億米ドル／年）が開発途上国における追加的費用と推測しています。

年間1兆ドル規模の資金が必要になると仮定すると、石油については、１バレル20ドルくらいの価格の上乗せが必要になると思われます。

【1兆ドル（必要資金）】÷【石油産出量（約２５９億バレル／年）】×【０・６（炭素排出に占める石油の割合の概算）】＝23ドル

（ただし、石炭、天然ガスが原料用途に使われることは少ないと考えられるので、石油の割合は将来的に上昇する）

この程度の価格の上昇で、化石資源使用量が減少するかという疑問をもたれる方もいらっしゃると思います。確かに、化石資源の使用量に対するコントロールは短期的にこの程度の価格で行うことはできません。これは近年の石油価格の上昇が大きな使用量の減少につながらなかったことから推定されます。

しかしながら、この資金をゼロカーボン社会に必要なインフラへ投資すれば、この程度の化石資源価格の上昇であってもエネルギーシフトは加速されると考えられます。

〔専売制のその他の問題点〕

専売制が成功するためには次のような条件が満たされる必要があると考えます。

①再生可能エネルギーの発展と同時に、現在よりもかなり高い化石資源価格の維持

化石資源が、高付加価値製品である化学製品の原材料であること、あるいは航空業界など、現在の技術力では代替エネルギーが存在しない分野の需要のため、再生可能エネルギー価格が低下し、化石資源価格が上昇しても、公社の運営に必要な化石資源の需要は残存すると考えます。

②化石資源保有国の協力

資源保有国は、化石資源の権益を手放すという決断をする必要があります。しかしながら化石資源保有国は、UNFCCCにおいても、産業転換への補助金を要求しており、化石資源関連企業の売却に応じる可能性は十分あると思われます。また、各国に化石資源関連企業運営の実務は、委託される形でそのまま残ります。生産量をどのように推移させていくかについても、事前の交渉が必要でしょう。

③各国、市民の公社に対する信頼と協力の確保

化石資源の価格上昇の影響を最終的に受けるのは、各国の国民です。地球温暖化を止めるために、

市民の一人ひとりが痛みを受け入れなくてはならないという世論の形成は、すでになされていると思われます。ただし、世界みどり公社が人類共通益のために設立され、理性に基づき運営されることに対する信頼感が必要です。

また専売制を導入すると、市場原理が働かないため化石資源関連産業の効率化や技術の進歩が阻害されるという指摘があります。しかしながら、化石資源関連企業は、技術の比較的成熟した企業群であり、また専売制のもとでも管理会計制度の工夫により効率の向上は可能ですので、この問題は大きな困難をもたらさないと考えます。

世界みどり公社とその他の資金メカニズムの比較

『地球温暖化対策と資金調達』に紹介されている42の資金メカニズムを、名前と資金規模だけですが紹介します。

グループＡ　炭素税型

Ａ１【世界統一炭素税】スイス提案……48・５兆円／年

Ａ２【技術開発費用の財源としての炭素税】ベネディック提案……約３０００億円／年

Ａ３【統一炭素税】ノードハウス提案　政策課税……不明

Ａ４【比例的炭素税】宇沢提案　各国で異なるＧＮＰ／Ｐに比例させた税率……不明
Ａ５【協調炭素税】ハーバード大・クーパー教授による提案　一律課税……75兆円／年
Ａ６【国際フロン税】……数千億円程度か

グループＢ　排出量取引制度からの調達型

Ｂ１【収益の一部（SoP：share of proceeds）の賦課率引き上げ】……数百億円程度
Ｂ２【収益の一部（SoP：share of proceeds）の対象拡大】ＣＤＭ以外の柔軟性メカニズムへの対象拡大……数十億円程度
Ｂ３【検証排出削減ユニット（VER：Verified Emission Reduction）への課金】……不明
Ｂ４【排出枠（排出割当単位：ＡＡＵ）オークション】ノルウェー提案……2兆円程度
Ｂ５【ＥＵ域内排出量取引制度第三期間（２０１３～２０２０）における排出枠オークション】……不明
Ｂ６【国内排出量取引制度における排出枠オークション】……２００億円
Ｂ７【安全弁（safety valve）付き排出量取引制度】……不明

グループＣ　通貨取引税型

Ｃ１【トービン・シュバーン税】……不明（財源確保を主目的としない）

C２【通貨取引開発税】ＣＴＤＬ（Currency Transaction Development Levy）……３兆円
C３【国際通貨取引課税】……不明
C４【クレジットカード決済税】……８０００億円程度

グループD　輸送課税・負担金賦課型

D１【負担分担メカニズム（Burden Sharing Mechanism）】ツバル提案……２・６億円
D２【国際航空適応税（International Air Passenger Adaptation Levy）】ＬＤＣ提案……１兆円程度
D３【航空券連帯税（Solidarity Levy on Air Tickets）】……数千億円程度
D４【国際海上運輸】（国際バンカー油）への課金……３０００億〜３兆円程度
D５【国際バンカー油への排出枠オークション】……３兆円程度
D６　国際海峡通過への課税

グループE　国家予算による資金拠出・信用創出型

E１【附属書Ｉ国によるＧＮＰ比０・５〜１％の追加的拠出】Ｇ77＋中国提案、先進国のみ負担
……20兆円
E２【資金供与の順守ユニットへの換算】BASIC提案……不明（少額）
E３【世界気候変動基金】メキシコ提案……約１兆円

Ｅ４【地球気候資金調達メカニズム】ＧＣＦＭ……約１５００億円
Ｅ５【予防接種のための国際金融ファシリティー】ＩＦＦＩｍ……約４０００億円

グループＦ　炭素クレジット付与による資金誘導型

Ｆ１【拡大ＣＤＭ】セクター別ＣＤＭ／政策ＣＤＭ……不明（少額）
Ｆ２【セクトラル・クレジティング】ノールーズ目標……不明（少額）
Ｆ３【途上国における国内の適切な削減行動（ＮＡＭＡ）へのクレジット付与】……不明（少額）

グループＧ　その他

Ｇ１【債務】省エネスワップ……不明
Ｇ２【途上国での再生可能エネルギープログラムへの資金供与】……５００億円
Ｇ３【海外送金】……不明
Ｇ４【租税回避地（タックスヘイブン）対策】……世界各国に22兆５０００億円
Ｇ５【多国籍企業への課税】……不明
Ｇ６【武器取引税】……不明
Ｇ７【グローバル・ロッタリー】……６０００億円程度か
Ｇ８【デジタル連帯基金（ＤＳＦ）】……不明（少額）

Ｇ９【外貨準備の一部を使った地域ファシリティー】……一時金として33兆円程度
Ｇ10【事前買取制度（ＡＭＣ）】……１０００億円程度
Ｇ11【特別引出権（ＳＤＲ）を活用した開発資金の調達】……１０００億円程度

このように見ますと、年間１００兆円近い資金をつくる方法は、化石資源の使用そのものに課税する炭素税か、世界みどり公社しかないことがわかります。従前は、炭素税か、排出権取引か、という議論がよく行われたのですが、世界共通益のために使える資金をつくるための方法としては、排出権取引はあまり有効でないことがわかっています。

それでは「世界統一炭素税」「協調炭素税」と、世界みどり公社制を比較しましょう。これらの炭素税は〝一律の国際炭素税で、各国の徴税機関による税収のうち一部を国際機関に納め、別の観点から同意された衡平性の基準に沿ってその再配分を行うシステム〟であり、世界みどり公社と類似性があります。

しかしどちらの国際炭素税においても、基本的に税収は消費国の収入となり、消費国から国外に資金を移転する際には、議会の議決に従って基金に拠出するという形になります。しかしこれでは、基金が必ず拠出されるか、あるいは基金の一部が必ず資源保有国や発展途上国の支援のために使われるかが保証されないため、システムづくりのためにこれらの国々が協力的に行動するとは考えにくいのです。

公社を作り、公社が化石資源関連企業を買い取るというわかりやすい法形式の中で、化石資源保有国の既得権益をある程度保証し、なおかつ潤沢な国際基金をつくって地球温暖化に対処する準備を行うことによって、初めて今後のパリ協定の実施において世界のすべての国々の協力を得られると考えます。

また、各国国民の合意の形成がなによりも必要ですが、国が炭素税という税金を徴収し、それを毎年議会の決議を行って国際基金に移転するということは、税金を「国民のための金」と考えている納税者の立場からは、税率が高くなればなるほど許容できなくなると思われます。そのため、あらかじめ各国議会に承認された条件のもと、世界みどり公社が、資金需要の調査に基づいて行う価格設定と企業活動の中で、自然に資金を徴収し分配していくシステムにするべきです。

世界みどり公社にしろ、国際炭素税にしろ、導入の検討に当たっては、各国においてすでに導入されている国内炭素税やエネルギー関連税との調整によって課税の重複を回避する必要があります。また、多くの開発途上国では化石燃料エネルギーの補助金制度が存在するので、それらは廃止していくべきだと考えます。

これまでに、このような超国家機関による国際公共財の管理としては、「公海深海底の資源開発」と「静止軌道上の衛星位置の配分」の2実例しかありません。この点で、世界みどり公社は、京都議定書によって現に成立した国際排出量割当制度より、ハードルが高いものと思います。しかしながら、他分野に実例があるので、取り扱う事業規模の巨大さに気後れすることなく、日本政府を含めた世界各国は、この提案を一つのモデルとして、世界みどり公社の設計をスタートしていただきたいと思います。

第6章

世界みどり公社が果たす役割

第5章においては、世界みどり公社のしくみと、それが世界各国によって受け入れ可能なシステムであることを確認しました。次いで、この世界みどり公社というシステムが、経済学の歴史にどのように位置づけられ、市民社会、経済社会の困難の解決に、どのような可能性を持つものかを考えます。

現代社会は、大きな危険と苦難を抱えています。もちろん、地球温暖化はその最たるものですが、それだけでなく、発展途上国における貧困や劣悪な環境、そこからもたらされる紛争や疾病、そして高い子供の死亡率。先進諸国においても、若者、高齢者を問わず高い失業率や、都会におけるスラム・貧困地域、生活の格差の問題があります。一方で国境を越えて激しく投資資金が移動するために生じる、エネルギーなど資源価格の大きな変動、通貨危機、国家の財政危機も生じています。

日本の国内でも、正規・非正規の分離の下、雇用の質の劣化が進み、少子化にもつながっています。単身世帯が1350万世帯にも及び、都市では人間が分断され、孤立し、自殺率が高まり、一方では地域間格差が拡大するとともに、ユニバーサルサービス（全国均一の水準のサービス）が行えず、消滅が危惧される市町村が増加しています。

私たちは、取り組まなければならない課題の奔流の前に唖然とし、どの問題から手を付けたらよいのか、どこに向かえばよいのかわからないでいます。

しかしながら、今一歩現実を俯瞰し、なぜ社会がこのような困難を抱えるようになってしまったのかを歴史的にとらえると、これらのすべての困難が、人間や社会の必然、あるいは誰かの悪意によってもたらされたものではなく、私たちが使ってきた貨幣と、資本主義のシステムに内在する一つの傾向がもたらしたものであって、そのシステムの一部を変えると、これらの苦しみの多くが軽減されることがわかるのです。

経済学における我々の先達の探求の歴史を、ごく簡単に振り返りましょう。

資本主義がなぜ種々の問題を生み出してきたのか

「暴走する資本主義」などという表現がよく使われますが、私たちは資本主義が何であるかをよく理解していません。

「資本主義の内実や定義は明らかでない。むしろ、社会主義ないし共産主義の反対観念」などと、経済学者の広井良典氏は述べます。広井氏は別の場所で、資本主義を「拡大・成長を目指す、市場経済システム」と表現していますが、私は「資源の分配と生産を、市場及び企業に委ね、経済社会の拡大再生産を図るためのシステム」と表現するのがわかりやすいと考えています。

「市場《しじょう》」という言葉の理解も難しいですが、「お金で何かを買おうとする場」と考えるとわかりやすいでしょう。そこには買い手が一人しかいなくてもよく、とにかく、あれが欲しい、お金で買いたい、と思うところから資本主義が始まります。

実は、資本主義が始まるまでの社会（たとえば封建社会）は、ほとんどの人間（たとえば多数者である農民）が欲望を持ってはいけない、あるいは手に入れることができると想像さえできない物や場所などで満ちていたのです。

それが、資本主義的な貨幣経済の下では、誰でも欲望を持っていい、と変化します。オランダの思想家マンデヴィルは、1700年代に「質素倹約という個人レベルの〝美徳〟は社会全体の利益にはつながらない。限りない私利の追求が国や社会の繁栄、雇用や経済的富を生み出す」と述べています。

このような欲望の解放が是認されたのは、科学技術や生産技術の発達、そして新大陸の発見に伴う生存圏の拡大によるもので、広井氏は、近代資本主義の実質が「イギリスにおける石炭の利用の拡大、新大陸への植民地拡大（地理上の発見と食料・エネルギーの利用形態の根本転換）」にあると述べます。欲望の解放が、経済の拡大というプラスを生み出した一方で、後々地球環境の悪化という形で人間社会に大きなマイナスの影響を与えたことは言うまでもありません。

資本主義は国家の働きと関連しつつ発達しました。

まず古典経済学では「資本蓄積の促進」、つまり企業を大きく育てて国際競争力をつけさせることが最高の格率とされ、国家にはそれを冒さないことが求められました。特にイギリスの経済学者アダム・スミスは重商主義国家による恣意的な経済政策を批判し、「自然自由の体系」のもとでこそ、国富がもっとも増進することを証明しようとしました。

そして1870年代になると、政府の規制は行わずとも、人間の経済は需要と供給が均衡して、自然に均衡に至り、安定するという新古典派経済学が台頭しました。

しかし20世紀に入ると、恐慌が周期的に発生するとともに、失業者が増え、特に１９２９年には世界大恐慌が発生し大量の失業者が生まれました。その発生理由は、資本主義が「生産過剰」に陥ったことにあるとされています。ここで、注意しなくてはならないのは、資本主義においては、早い段階から生産過剰と失業が発生し、それは資本主義の発展とともに増加したということです。

これに加え、資本主義の発展に伴って、人々が地方から都市に移り住み、大量の生産財を所有しない人たち、都市の賃労働者が現れたことにも注意しなくてはなりません。都市における賃労働は、農村における労働よりも収入が良いように見えます。しかし、労働者は職を失ったとき、農村での苦しみ以上の苦痛を味わいます。

その意味で、資本主義は、人間が、解放された欲望を充足する手段を与えますが、一方で必然的に、職のない、収入のない、さらには地域社会や家族からも切り離された労働者をつくるものだったのです。

マルクス主義サイドは、生産を、国家的ないし計画的管理するべきだと論じました。

このタイミングで〝資本主義の救世主〟として現れたのがイギリス人の経済学者、ケインズです。ケインズは、「経済成長を最終的に決定するのは、生産ではなく、人々の需要であり、しかもこの需要は、公共事業による公共財の提供や社会保障による所得の再配分によって、誘発ないし創出できる」と考えました。このために、国家がリーダーシップをとって、法人税の課税や個人の所得税の課税を行ったうえで、所得格差の是正と経済成長を図るべきだとしました。

ケインズは、社会保障により高所得者から低所得者に所得の配分を行うと、低所得者の方が所得のうち消費に配分する割合が高いため、社会全体として消費が増え、経済成長につながると考えました。「成長を目指す」というベクトルはケインズによっても強く支持されています。

しかし、ハーバード大学元学長のデレック・ボックは近年の著書『幸福の研究』（東洋経済新報社）で次のように述べています。

世界のどこでも「経済成長」を最優先することが、20世紀における最重要の思想であったことは疑いない。しかしながら、経済成長が政府の目標として最重要になったのは比較的最近のことである。アメリカでは第二次世界大戦後になってはじめて、景気循環の抑制や大量失業の回避といった長年の優先事項に代わって、成長が経済の主要目標になった。

このようなケインズ政策は、特にヨーロッパの場合、社会保障の充実ないし「福祉国家」の展開と直結していました（ケインズ主義的福祉国家の誕生）。

このケインズ政策による経済成長と所得の再配分は日本でも行われ、格差の拡大を防いでいたのです。１９６０年代以降、所得税に関してさまざまな控除額が引き上げられ、税がかかる最低所得も上昇を続けました。また、１９６０年代の半ばから地方向けの公共投資が行われ、都市への減税と地方への公共投資で「地域間」「所得階層間」の所得再配分が行われたのです。

しかしながら、日本においては、所得減税をしながら公共投資に支出を傾けたことで、本来ならできた社会保障や教育などの公的サービスを拡充できなかったことは、現在に至るまで、保育、教育、高齢者福祉などにおけるサービスが欧米諸国と比較して弱いという問題につながっています。成長を優先する資本主義思想に深くとらわれ、経済社会の拡大は行いましたが、もう一方の柱である人間の再生産のための、人的なサービスも含めた生活インフラの充実を怠ってきたのです。

「世界みどり公社」の役割について説明するために、どうして資本主義の歴史を長々と述べるのかと思われる読者もいらっしゃると思いますが、この歴史を理解すると、我々が現在置かれている場所がとてもはっきりし、世界みどり公社の役割が自ずとわかるので、もう少し我慢してついてきていただきたいと思います。

ケインズ政策による政府の経済への介入が功を奏したこと、及び、自動車や家電、石油化学製品などの社会的普及があったため、「所得の平準化と経済成長の同時成立」が実現したのが１９６０～１９７０年代でした。

しかしながら、大きくは二つの側面から経済の成長に陰りが見えてきました。一つは、工業化の資源的限界の問題であり、もう一つは経済のグローバル化が国内経済に及ぼす問題でした。

工業化の資源的限界が明らかになった象徴的事件が１９７３年のオイルショックであり、１９７２年にはローマクラブによる『成長の限界』が公刊され、自然資源の有限性が「拡大・成長」にとっての〝外的な限界〟としてはっきりと見えてきたのです。

経済のグローバル化がもたらす最大の問題は、各国における雇用条件の低下です。日本でも雇用の非正規化が急速に進みました。

次に重要なのが、富裕層や法人が、発展した情報通信技術を用いて、さまざまな方法で「租税回避」を行うようになり、各国が租税収入の確保に追われるようになったことです。

各国は、所得税の累進性を引き下げ、法人税も引き下げました。そのため、さまざまな財政ニーズへの対応が後回しになり、膨らむ年金、医療費のために、現役世代の子育てや教育についてのニーズが予算から弾き出されたのです。

日本では2000年代から所得減税が停止され、公共投資も劇的に削減されました。このため地域経済は疲弊し、経済負担に苦しむ若者は、結婚、そして子供を持つことを諦めるようになっていったのです。そして、このように国民の福祉に明らかに悪影響を及ぼす政策群が、新自由主義経済学の名のもとに正当化されたのは悲しい事実です。

このように、各国が成長率の低下と失業率の上昇に苦しむ中で世界的な課題になってきたのが地球温暖化問題です。

そもそも地球温暖化問題が生じたのは、清浄な空気の価値、別の見方からすると大気中への温室効果ガスの排出のマイナスの価値が、市場で評価されていない（お金を払わなくていい）ために、政策立案、投資のための評価の外に置かれてしまっていたからです（外部不経済とされた、という言い方をします）。

すなわち、これも資本主義の失敗（市場の失敗）の一つの例なのです。

地球温暖化対策を巡る各国の議論は、どの国がどれだけ二酸化炭素の排出を削減するか、という点を巡って行われました。

二酸化炭素排出の削減は、使用できる化石資源の量を削減することを意味し、そのまま経済の縮小につながります。経済成長を政策の最優先課題として与えられ、再生可能エネルギーの大量導入の可能性を含めた判断ができなかった各国の交渉者は、いかに自国の温室効果ガス排出量を削減しないかの争いにしのぎを削り、世界的な地球温暖化対策は前に進まなかったのでした。

ここまで述べたことを簡単にまとめます。

私たちが直面している、失業、所得格差、少子高齢化、地域格差、南北格差など、多くの問題は、資本主義経済の「限られた数の企業または人による過剰生産」という性質により不可避的に発生したものです。１９７０年代まで、ケインズ政策の導入で落ち着いていたこれらの問題（＝多くの人が生産過程から疎外されるという問題）は、エネルギー危機と地球温暖化問題という成長を阻む新たな課題と、経済のグローバリゼーションとともに現れた新自由主義の下での再分配施策の縮小により、再び悪化しています。

このように、現代の我々が置かれている現状は説明できます。「ＡＩ（Artificial Intelligence＝人工知能）」が知的労働者の職を奪おうとしている問題も、国際金融資本の力が、国民の総体である国家の力を超えてしまったのも、資本主義経済の問題として記述できるのです。

我々が現在抱えている問題の原因をこのように認識すると、それに対する対処方法はある程度絞られてきます。

第一に、格差が生じている理由が社会保障や公共事業の不足にあり、そして、社会保障や公共事業を行うための税収が足らない理由が、グローバリゼーションによって、法人税や所得税が徴収しにくいことにあるのなら、税金の種類を消費税や環境税に切り替えることが考えられます。特に、これまで経済活動の外部に置かれていた温室効果ガス等の地球環境に対する影響を、金銭評価し、投資評価に織り込み、「炭素・エネルギー税」として徴収することが考えられるのです。

第二に、そもそも、巨大な資金が国境を越えて移動しないように、金融取引税などを導入し、あるいは適度な所得の再配分を可能にする世界のガバナンス機能の強化を図ることが考えられます。これから、もう少し詳しく論じましょう。

環境税と二重の配当、そして世界みどり公社について

税は、「富の再配分」の主要なツールなので、その時代の〝富の源泉〟にかけられることになります。農業中心の時代には「土地」であり、工業化社会になり、企業による生産活動が〝富の源泉〟になると所得税、そして法人税が中心となりました。経済が成熟・飽和していく中で「ストック（資産）」の重要性が大きくなるとともに、環境・資源制約やその有限性が顕在化し、環境ないし自然という富の源泉が認識されるようになると、ストックに関する課税や環境税が重要になります。

エコロジー的な流れに属するイギリスの経済思想家ロバートソンは、自然資源は本来人類の共有の

財産であるから、それを使って利益を得ている者は、いわば その〝使用料〟を「税」として払うべきだと説明します。人間が自然を使うことへの課税という発想は、環境制約の顕在化と、需要の飽和という状況の下、税そして富の源泉についての究極的な理解のしかたであり（広井良典氏『ポスト資本主義』より）、これは宇沢弘文氏の「社会的共通資本の維持管理手段」としての環境税の発想につながります。

一方、環境問題が発生する場合には、その原因となる財に課税すべきだとし、外部不経済の内部化の政策手段として環境税を主張したのがイギリスの経済学者ピグーでした。このような環境税（ピグー税）では、その課税ベースが汚染物質の排出であり、その根拠法において、課税目的は明確に、「環境保全」や「汚染防止」に置かれます。そして環境税は市場の公正競争ルールに環境保全を組み込む役割を果たすと考えられます。

この租税の変遷と環境税の考え方からすると、現在、まさに環境税は税制の中心に据えられなくてはならないものです。

１９６０年代末より、ヨーロッパでは水質保全の領域で最初の環境税が導入され、その後大気汚染、農薬・肥料、廃棄物などに拡大しました。そして１９９０年代、地球温暖化問題の深刻化に伴って、「炭素・エネルギー税」が台頭してきました。ドイツは１９９９年から鉱油税や電力税の引き上げという形で炭素・エネルギー税を増強、最近ではスイスが２００８年から、そしてアイルランドが２０１０年から炭素税を導入、日本も化石資源に炭素比例で課税する「温暖化対策税」を２０１２年に導入しました。

環境税がエネルギー・炭素排出に課税されることになると、税収規模は格段に大きくなり、環境税の財源調達目的での役割も大きなものとなります。

一方で、経済的な影響も大きくなるので、環境税の導入とともに、他方で同額の減税を他の既存税で行う、税収中立的な税制改革が、ドイツやイギリスで行われました。両国では、環境税の導入と引き換えに、社会保険料が減税対象として選ばれました。経済学者、諸富徹氏の『財政と現代の経済社会』（放送大学教育振興会）から「二重の配当」についての説明を抜粋します。

これらの国々が社会保険料負担の軽減を選択したのは、環境保全と雇用拡大を両立させようとしたからでした。環境税の導入に対しては、それまで経済成長を阻害し、企業の国際競争力を弱め、失業を生み出すという批判が行われてきました。この批判に応える中から、環境を保全しながら雇用も拡大する方途として、税収中立的な枠組みの中で、環境税を導入し、それと引き換えに社会保険料負担を削減する環境税制改革のアイデアが生み出されてきたのです。

社会保険料は、企業が労働者を雇用するにあたって給与に加えて負担しなければならない点で、労働コストを構成します。逆にいえば、社会保険料負担を削減することで、企業が負担する労働コストを引き下げ、雇用を拡大する効果が生み出される可能性があります。

こうして、一つの税制改革から二つの望ましい効果（①環境税導入による環境改善効果、および②社会保険料負担の軽減による雇用拡大効果）が発揮される可能性があり、このことを「二重の配当」

と呼びます。

これは、政治的な観点で言うと、環境税という政策を実現するために、幅広い支持基盤を得る方策でもあります。それゆえ、この税制改革は実現し、結果的にドイツ、イギリスにおいて、地球温暖化対策と、新たな雇用の創出の両方に役立ったという評価がされています（ただし、CO_2排出量の削減に、より直接的に貢献したのは、環境税ではなく再生可能エネルギーの大量導入政策だったという評価もあります）。

一方で、日本でもようやく2012年に「地球温暖化対策税」という名の環境税が導入されました。その制度概要は、現行の石油石炭税に、新しくCO_2排出量に比例した化石燃料課税を上乗せするという形をとっています。

現在の税率は二酸化炭素排出量1トン当たり289円で、諸外国の同種の税に比べて数十分の一で著しく低いのです。そのため、環境政策上の効果を発揮することが難しいと考えられています。また、税収は温暖化対策に特化する目的税ですが、この財源効果を合わせても、CO_2の削減率は0・5%から2・2%であると言われています。

ヨーロッパの多くの国では、ケインズ政策を補強するものとして、今後、環境税が大きな役割を果たしていくでしょう。この環境税のシステムは、これからさらに世界各国に広がってゆくべきものと思われます。

そして、その拡大を世界中により早くもたらすことができるのが、その効果において、世界一律炭素税を洗練させたものである「世界みどり公社」の設立と、そこから生まれる専売収入なのです。「世界みどり公社」は、前章で述べたように、世界各国の化石資源使用者から専売収入を徴収し、化石資源保有国への支払いと、地球温暖化による被害者への人道支援や、世界が共同で行う地球温暖化防止事業への支出を行い、支払い後の資金を、各国からの専売収入に応じて、各国に還流するという機能を果たします。

本来、地球温暖化への対応というものが、この公社の目的ではありますが、ドイツにおいて、環境税の税収入が最初から社会保険料負担の削減に使われたのと同様、「世界みどり公社」の収入は、その一部が各国政府の裁量により市民の福祉向上に使用されるように設計されなければ、そもそもこの公社を実現することが難しくなります。

「世界みどり公社」の持つ、地球温暖化防止という大きな目的に加え、公社収入が世界中で雇用を創出し、福祉を向上させる効果をもつことを広く人々に伝えることが、「世界みどり公社」の実現可能性を高めていきます。ドイツ等におけるこれまでの環境税導入における経験と、環境税を支えるすべての論考は、これから「世界みどり公社」の役割を具体的に設計していく上で重要で、環境税を支える思想は、そのまま「世界みどり公社」を支える思想となるでしょう。

その資金で行われる福祉施策の内容や、資金の配分は、当面各国に任せ、「世界みどり公社」は、地球温暖化対策に使われた資金の残余をできるだけ議論の余地のない機械的な基準で各国に配分するべきだと考えます。現在、世界のどの人も組織も、これだけ大きな国際資金のガバナンスを、責任をもって行うことは不可能だからです。

従って「世界みどり公社」は、まず各国の枠内で、国民の福祉向上に役立つことになります。しかし、いつの日かこの資金は、地球温暖化対策を超えた、さまざまな世界の必要に対して使用されることになるでしょう。それを行うのは、「世界みどり公社」でない、新たな世界のガバナンスのための組織になると思います。

私には、今その組織について具体的な提案を行う力はありません。ここでは、そのことを前提として、これまでさまざまな経済学者が述べている、世界ガバナンス機関設立への思いと、国連が打ち出している、今後世界が目標とする福祉向上の目標（ＳＤＧｓ）を簡単に説明して、将来の『世界みどり公社」とその国際機関の果たすガバナンス機能に、夢を馳せようと思います。

経済学者が語る世界ガバナンス機関への夢と世界みどり公社

これから紹介するのは、諸富徹氏と鈴木直氏という二人の経済学者が、各国でさまざまな社会的な危機を引き起こしている国際金融資本をコントロールするための、ガバナンス機関について述べた文章です。

お二人とも、資本主義の中で育った資本（企業）の最終進化形態が国際金融資本だと考えており、彼らの力を市民あるいは人類理性によりコントロールするべきだという問題意識を持っておられます。

《諸富徹氏『ヒューマニティーズ経済学』（岩波書店）より》

実物経済を大きく翻弄する金融経済は、失業、生産の低下、貧困と格差の拡大という形でいわば「社会的費用」を生み出しつつある。したがって、これら社会的費用を内部化するための、金融に対する規制の枠組みを再構築することによって、新たな「人為の体系」を形成する必要があろう。

しかし、問題は、グローバル経済下では、各国政府がかつてのような形で資本規制を敷きながら、国内で完全雇用を実現すべく裁量的な財政金融政策を実施することが困難になっている点に求めることができる。

いま求められているのは、経済のグローバル化に対応した、ある種の「国家グローバル化」である。それは、欧州連合のように、超国家組織の設立かもしれないし、国際機関の強化と、その下での多国間ネットワークの構築かもしれない。気候変動に関する国際枠組みは、その成功例として金融の国際枠組みにも応用可能だろう。

諸富氏の言う、新たな「人為の体系」に対比される（これまでの）「人為の体系」とは、簡単に言えば、各国政府に資本規制を行う権利、すなわち資本の国際移動のコントロール権を与え、中央銀行に貨幣供給量のコントロール権を与える、安定的な為替相場を保障する国際通貨システム、すなわちブレトンウッズ体制下における「変更可能な固定相場制」のことです。

　これに対し、どのような制度がこの新たな「人為の体系」となるかはここでは述べられていません。しかしながら、少なくとも「世界みどり公社」は、地球温暖化という社会的費用を内部化するとともに、再生可能エネルギー供給の拡大と各国が福祉目的に用いることのできる資金の提供により、これまで国際金融資本が生み出してきた社会的費用を緩和する新たな「人為の体系」の一部として機能することになるでしょう。

　また、「人為の体系」における意思決定過程、すなわちグローバル化した国家、あるいは超国家組織の意思決定過程に、市民社会の民意を反映させるという点において、諸富氏は、ＥＵの意思決定への市民参加を例にとり、次のように述べています。

《諸富徹氏『私たちはなぜ税金を納めるのか』（新潮社）より》

　ＥＵでは、執行機関に当たる「欧州委員会」と、実際に政策を決定する「閣僚理事会」とに対して、「欧州議会」の力が弱かった。国民国家における法律に相当する「ＥＵ指令」は、もっぱら欧州委員会によって立法化されてきた。

　この「指令」の拘束力は強大で、これが可決されれば、各加盟国は自動的にこれを自国内でも立法化しなければならない。各国議会は国権最高の意思決定機関であるにもかかわらず、その決定権が制約されて中途半端な状態におかれている。

　このような流れの中で、欧州議会の権限は徐々に強化されていった。現在では、欧州議会はＥＵ立

法全体の3分の1に対して何らかの形で決定権限をもち、3分の1に対して諮問権限を有するまでになった。

なぜ欧州議会の権限強化にこだわるかというと、議員が欧州市民による直接選挙で選出されているからである。ヨーロッパの市民たちは、欧州議会議員選挙への投票という形で、EUという超国家機関に対して、まだヨーロッパ的な規模ではあるけれども「共通課税権力」に対して、民意を反映される回路を持っているのだ(租税協賛権)。

ヨーロッパ市民は国民国家の枠組みの中に取り残されてはいない。法人・国家・市民社会という三者関係は、多国籍企業・超国家機関・ヨーロッパ市民社会という三者関係の新たなステージへと、すくなくとも部分的には進みつつある。

「世界みどり公社」の理事会の意思決定にどのように市民意見を反映させるかについては、理事会の構成という観点から第5章ですでに述べています。UNFCCCの代表、化石資源消費国の代表を入れることにより、カーボンプライスに対する民意の反映を図っていくことになります。理事会での討論は議事録を残し、公開することを原則にすべきです。

経済システムの歴史的な変遷を詳細に捉えて、将来の世界のガバナンスを予想する諸富氏の手法に対し、これまでの国際金融資本の動きを「欲望の発露」として厳しく糾弾する立場から思考する経済学者の鈴木直氏は、このように書かれています。

《鈴木直氏『マルクス思想の核心』（NHK出版）より》

国際金融資本はいまだにある種の自然状態にある。21世紀の社会理論は、この国際資本のさらに上位に、世界市民的要求を掲げる超国家的な上位システムを確立するための理論となっていくべきだ。

上位システムといっても単一の世界共和国などではありえない。それはむしろ、人権、平和、環境保護、国際金融や軍産複合体の監視など、いくつかの限られた重要課題でのみ連帯しうる、多様な諸組織の連携として構想されねばならない。

それは「薄い」連帯形式を保ちながら、同時に国際金融資本に対する統制的な原理として機能しうる立法組織でなければならない。それが国民国家内の社会契約と原理的に矛盾しない要求であり、理論的に実現可能な構想であることを論証することこそ、現在の社会理論に課された使命だと筆者は考える。

現在の国際金融資本に対して統制的な上位システムとなりうる世界市民的立憲体制は、どのようなものになるのか。

その体制を構成しうる超国家組織としては、とりあえず国連を中心に据えるほかないだろう。国連の改革を進め。それをEUやASEANを初めとする連合体、G20、IMF、国際刑事裁判所、国際人権NGO、さらにはカトリック教会などの宗教団体等々が多層的に支えていくことになるだろうか。

いずれをとってもまだ弱々しく、本来あるべき姿からは遠くはなれている。

しかし、希望の萌芽はあちこちに生まれている。広く薄い連帯を通じて、その萌芽を世界市民的憲法体制にまで組み上げる試みは、今ようやく緒についたところだ。それはまだ夢物語にしか聞こえないかもしれない。にもかかわらず、われわれは今こそ真剣に問い直さなければならない。国際金融資本や軍産複合体が、それを統制する上位システムを持たず、人類社会の最上位システムとして君臨し、最終的な統制的原理を発揮するような世界に、はたして人類の希望があるだろうか、と。

現行の超国家システムがどんなに不完全であろうとも、人権と平和と環境保全を掲げて国境、人種、性別、宗教を超える連帯を模索し、未来の世界市民社会の自己立法体制をともに構想していくことは、かつてマルクスが夢見たあの社会的共同存在としての「人間の解放」のために、けっして避けて通ることのできない課題だろう。

鈴木氏の文章は高邁で、かつわかりやすいので、なにも付け加えるところはありませんが、どのような世界機関、ガバナンス組織であれ、その制度の正当性が、人権・平和・平等・環境などのこれまでの人間社会が積み上げてきた社会的価値や、民主主義、そして法治主義と異なる場所に存在することになるとは思われません。

このような社会的価値を可視化するために、国連が２０１５年に提唱したＳＤＧｓ＊は、将来的に存在するであろう世界ガバナンス機関も実現を目指さなくてはならない、人類の普遍的価値を示そうとしていると考えられます。

ＳＤＧｓが目指す、貧困、飢餓の解消などを実現するためには、世界の実体経済の環境適合的で穏やかな成長も不可欠です。この意味で、経済主体の利益追求のためでなく、各国の発展のための資金が供給できる、公共のための資金がつくりだせる組織が必要になります。

経済学者を含む多くの人たちが待ち望む、世界ガバナンス実現のために、世界のすべての市民がその「その組織にお金を集めることを是として認識して」化石資源を使用することによって支える「世界みどり公社」の存在は、財政面で非常に大きな役割を果たすでしょう。

＊ＳＤＧｓ（持続可能な開発目標）について

国際社会が２０３０年までに達成すべきゴールを定めたもので「Sustainable Development Goals」を略して「ＳＤＧｓ」と呼ばれています。２０１５年9月の国連総会で採択されました。「あらゆる形態の貧困の解消」「飢餓の解消」「質の高い教育の完全普及と生涯にわたって学習できる機会の向上」「近代的なエネルギーへのアクセス」「気候変動と闘うための緊急行動」など、17の目標が設定されています。「誰も取り残さない」ことを掲げていること、野心的な目標を含んでいること、途上国だけでなく先進国も対象としていることなどが特徴です。

第7章

世界の再生可能エネルギー拡大と電力グリッド

人類がゼロカーボン社会を実現し、地球温暖化を乗り越えるためには、まず、潤沢な再生可能エネルギー供給網をつくりあげなくてはなりません。再エネ発電の花は欧米を中心に世界中で咲き始めていますが、この花が地球を覆いつくすまでには、まだまだ乗り越えるべき困難があります。この章では、再生可能エネルギー関連の研究所が発表したエネルギー生産の現状分析をお示しした後、世界に再生可能エネルギー網をつくろうとしている、グローバル・エネルギー・インターコネクション（ＧＥＩＤＣＯ）や自然エネルギー財団の活動等について紹介します。

ＩＳＥＰ（環境エネルギー政策研究所）自然エネルギー白書２０１６　飯田哲也所長 巻頭言（要約）

再生可能エネルギーは「シンギュラリティー」（技術的特異点）に達したのではないか。シンギュラリティーの特徴は、指数関数的な成長（倍々ゲーム）と、普及に伴う継続的な性能向上やコスト低下にある。この指数関数の面白いところは、最初は目立たないようにじわじわと普及して、ある時点から爆発的に拡大することだ。実データで見てみる。

世界で風力発電の普及が始まったのは、１９８０年のデンマークと米国カリフォルニア州だ。その後１９８８年には実質的にこの2カ国だけの風力発電で、世界の電力供給の０・01％を発電した（以下、数字はいずれもＢＰ統計）。それが１９９８年には０・１％を越え、２００８年には１％に到達し、

２０１５年には５％を供給した。10年でほぼ10倍というペースで拡大してきた。

太陽光発電はどうか。太陽光発電の本格的な普及は１９９５年の日本からだ。電力会社の余剰電力購入メニューと国の半額補助が後押しした。その後、２００２年には世界の電力供給の０・01％に達し、２００８年半ばには０・１％を超え、２０１５年に１％を超えた。およそ6年半で10倍というペースは風力発電より早い。

今起きている太陽光発電と風力発電がリードする世界のエネルギー変革は、従来のメカニズムやスピードとは全く異なる。直線的な変化ではなく指数関数的な変化だと捉えるべきだ。指数関数の世界では、１％は１００％の１００分の1ではなく、１％は１００％への「中間点」である。１％までの「中間点」までは従来の主流派に無視されるが、それを越えるあたりから量的な拡大が急激に目立つようになるため、新規参入者も既得権益による反発も一気にはげしくなる。しかし、遅かれ早かれ、従来の秩序や構造を根底から塗り替える「破局的変化」は避けられない。これを「ソーラー・シンギュラリティ」と呼ぶ。

風力発電やとりわけ太陽光発電は、最も安く早くリスクも小さい電源だから指数関数的に成長していく。それは、エネルギー安全保障のためでも「パリ協定」のためでもないが、結果として、それらを「付随的」に解決しながら、社会とエネルギーのあり方を根底からひっくり返そうとしている。今こそ、大局的な時代認識と大きな構想が求められている時だ。

しかしながら、再エネに特化していない諸機構のエネルギー予測は、1・5℃目標とはかなり乖離したエネルギー構成予測を出しています。2018年度版のBPエネルギー予測では、2040年までの世界エネルギートレンドを予測しています。この報告書は、国際エネルギー機関（IEA）の「世界エネルギー予測（World Energy Outlook）」とともに、エネルギー業界の現状と予測を知る報告書として幅広く活用されています。

BPエネルギー予測（Energy Outlook）2018版

報告書によると、世界のGDP年平均成長率は今後2040年まで3・25％で、2040年には世界のGDPは現状の2倍以上となる見込み。GDP成長要因の一部は、人口増加で2040年には世界の人口は92億人にまで増える。しかしより大きな要因は経済成長によるもので今後25億人が低所得国から脱出し消費が旺盛になっていく。そのためGDP成長は80％以上発展途上国で発生する。一方、エネルギー需要は、省エネの推進により、過去25年間の増加年平均が2％だったのに対し、2040年までは1・3％にとどまる。

〈石油〉

石油の需要は、発展途上国の経済成長とともに増加するが、しばらくすると横ばいになると予測。

２０４０年までの年平均増加率は０・５％。増加する供給を支えるのは、序盤は米国のシェールオイルやサンドオイルだが、後半は市場シェア確保を狙う中東諸国の増産が牽引するとした。最大の石油需要は、自動車交通で、さらに航空機、船舶、トラックの需要も増加する。２０４０年に近づくにつれ、交通インフラの脱化石燃料の動きとともに需要成長は止まっていくが、一方で石油化学工業原料としての需要は伸び続ける。

〈天然ガス〉

二酸化炭素や大気汚染物質排出が比較的少ない天然ガスは、年平均１・６％の成長を見込んだ。さらに北米や中東での天然ガス増産による価格低下材料もあり、新興国でも石炭から天然ガスへのシフトが進むと見られている。供給面では米国生産量だけで世界の25％に達する見込み。

〈石炭〉

石炭需要は成長が止まり横ばい。とりわけ中国とＯＥＣＤ加盟国での需要減が大きく、新興アジア国の需要増を補う。しかし中国が最大の石炭消費国であることは変わらず、２０４０年には中国だけで世界の40％を消費する見通し。

〈再生可能エネルギー〉

最も伸長するのは再生可能エネルギーで、年平均7・5％で成長。2040年までに発電量は4倍に、新規電源開発では半数以上が再生可能エネルギーとなる。2020年半ばには再生可能エネルギー補助金はなくなるものの、発電コストが低下するため十分に他の電源に匹敵するようになる。最大の牽引者は中国で、OECD加盟国の合計新規設備容量を上回る。2030年までにはインドが新規電源開発量で世界2位となる見通し。

〈原子力・水力〉

原子力は年平均1・8％増加とし、昨年の見通し2・3％から大きく下がった。原子力電源開発のほとんどは中国によるもので、中国国内の原子力発電割合は2％から2040年には8％に増える。一方、EU諸国や米国では古い原子力発電の廃炉が進み、原子力発電量は大きく減少していく。水力発電の年平均成長率は1・3％。中国、中南米、アフリカでの導入が進む。

次に紹介するのは、自然エネルギー財団が2018年に発行したアメリカについてのレポートです。

自然エネルギー最前線 in U.S.

米国の電力市場に革新的な変化　エグゼクティブサマリー

米国では21世紀に入ってシェールガス革命が起こったが、早くも次のエネルギー革命が急速に進んでいる。風力発電と太陽光発電の導入量が全米で拡大して、電力市場に革新的な変化をもたらし始めた。実際に2010年から2017年のあいだに、風力と太陽光を中心とする自然エネルギーの年間発電量は2800億kWh（キロワット時）以上も増えている。この7年間にシェールガスの効果でガス火力発電もほぼ同じ規模で増加した。あおりを受けたのは石炭火力発電で、6400億kWhも減少している。米国の電力市場の規模が約4兆kWhであることを考えれば、変化の大きさがわかる。

米国全体で見ると自然エネルギーの伸びは著しいが、個々の州では事情が大きく違う。主要な州のうち、カリフォルニアでは太陽光が先行して、州全体の発電量の16％を供給する規模になっている。風力ではテキサスが先頭を走り、発電量の15％を占めるまでに拡大した。このほかにも中西部の多くの州や、カリフォルニアに隣接するネバダ、あるいはハワイでも自然エネルギーの導入が活発に進んでいる。一方でフロリダをはじめとする南東部や、ペンシルベニアなど北東部の州では、さほど進展していない。米国の電力市場は〝パッチワーク〟のような状態になっている。自然エネルギーの資源量だけではなく、電力システム改革の実施状況や州政府の支援策、送電網の連系状態が州によって異なり、自然エネルギーの導入に影響を与えている。

自然エネルギーを拡大することは、各地域に多くの便益をもたらす。経済性の点では、米国各地で風力と太陽光の発電コストが低下して、安価な電力を供給できる状況になった。すでに風力発電のコストは4セント／kWhに、太陽光発電も5・5セント／kWhまで下がっている。

環境面では自然エネルギーの拡大による脱炭素化の動きが加速していく。米国の電力産業は２０００年から２０１７年のあいだにCO_2排出量を24%も削減した。主力の火力発電をCO_2排出量の少ない天然ガスに移行したことに加えて、CO_2を排出しない自然エネルギーの導入効果が大きく表れている。

風力と太陽光は天候によって出力が変動するため、送電網に大量に取り込むことが課題だと言われる。しかし米国では風力と太陽光の電力が増大しても、出力抑制の比率は現在のところ低く、平均して1～2%程度に収まっている。主な対策として、州を越えた電力取引、ガス火力と水力発電を活用した供給力の調整、送電網の拡充や蓄電池の活用など、各種の手法を組み合わせて需給バランスを巧みに調整している。

追加の発電コストがほぼゼロの風力と太陽光が経済性の点で有利になり、石炭火力と原子力を市場から押し出す状況になってきた。対応に遅れた電力会社や発電事業者は破産を余儀なくされている。特に大手のEnergy Future Holdings、FirstEnergy、GenOn の破産は衝撃的だ。

米国では州によって自然エネルギーの導入状況が大きく異なる。利用者が必要とする自然エネルギーの電力を簡単に調達できない場合がある。特に電力システム改革を実施していない州では調達がむずかしい。解決策として、電力と切り離した形で取り引きするＲＥＣ（Renewable Energy Certificate, 自然エネルギー証書）が数多く使われている。多くの州では電力会社に対して一定量以上の自然エネルギーの電力を供給するように求めるＲＰＳ（Renewable Portfolio Standards = 自然エネルギー利用割合基準）を定めて導入を加速させている。それに加えて、電力会社が自然エネルギーの電力を提供する選択肢を増やしており、利用者の調達手段は広がってきた。

ダイナミックに動く米国の経済では、新たなチャンスをつかもうとする人々を中心に、さまざまな分野で自然エネルギーの取り組みが進行中だ。将来を見据えた電力会社は自然エネルギーによる発電設備の規模を急速に拡大している。代表的な例はNextEra EnergyとBerkshire Hathaway Energyの２社である。風力と太陽光を合わせた発電設備の規模は両社で２２００万ｋＷを超えた。電力を販売する小売事業者のあいだでも、自然エネルギーを利用した新しいビジネスモデルが広がってきた。自然エネルギーを主体にした電力プランをはじめ、太陽光発電を活用した地域向けのプログラムや、利用者の電力消費量を最適化するサービスなど多彩だ。その背景には、電力を利用する企業からの強い働きかけがあることも見逃せない。気候変動対策だけではなく、コスト面でも自然エネルギーのメリットが明確になり、意欲的な目標を掲げる企業が相次いでいる。アップル、グーグル、マイクロソフト、スターバックス、ウェルズファーゴは自然エネルギーの利用率１００％を達成した。大手の企業が２０１３年以降に契約した自然エネルギーの電力の規模は合計で１１００万ｋＷを超えている。米国で自然エネルギーの導入が進む要因として、地域レベルの活動も重要な役割を果たす。州や市が意欲的な目標を設定して必要な政策を実行している。ハワイは２０４５年までに州全体で自然エネルギー１００％を目標に設定した。カリフォルニアとニューヨークは２０３０年までに50％を目標に掲げている。主要な都市ではミネアポリス、ピッツバーグ、サンフランシスコ、ソルトレイクシティ、シアトルが自然エネルギー100％を目指す。風力と太陽光による新たなエネルギー革命が、企業や自治体、家庭にも浸透してきた。住宅に設置する太陽光発電の規模が全米各地で拡大を続けている。2017年の発電量は合計で140億kWhに達した。わずか2年前と比べて倍増の勢いだ。

世界を結ぶ再生可能エネルギーグリッドについて

地球温暖化を乗り越えるためには、再生可能エネルギー革命を何としても成功させなくてはなりません。そのために必要なインフラの一つが、世界を結ぶ送電網です。再生可能エネルギーは莫大な資源量があり、なおかつエネルギー利用に関し地球の環境に負荷を与えません。しかし、再エネ資源の多く存在する場所とエネルギーの需要地は離れていることが多く、また再エネには変動性の問題が避けて通れないことから、かねてから世界の多くの再エネ発電所を結び、発電の不安定さを軽減させることが考えられてきました。

ヨーロッパなどではすでに各国のグリッドは連結され、発電量の変動を送配電網全体として吸収していますが、今後さらに再エネ割合を増やすためには、冬の太陽光発電が減少する時期などに、ヨーロッパでも、大陸の外からの電力を供給する必要があります。この分野では中国が、送電線の建設の経験で抜きん出ており、中国国家電網公司が孫正義氏の率いる日本の自然エネルギー財団などと共同で、北東アジアにおいてもグリッド網構想を進めています。

２０１１年にソフトバンクの孫社長が「アジアグリッド構想」を打ち出し注目されましたが、世界の５大陸を送電線でつなごうというアイデア自体は１９８０年代からあったようです。

バックミンスター・フラー氏が北極海を中心に5大陸を送電線で結ぶGlobal Energy Gridを構想しています。北極海を中心に見ると、北アメリカ大陸とアジア・ヨーロッパはそんなに離れているわけではありません。この送電網は、１９８０年代には数百キロしか送電できる技術がなかったので現実味がなかったのですが、東北大学・首都大学東京で学長をされた西澤潤一先生の開発されたパワー半導体（ロス率１％で直流を交流に変換する静電誘導サイリスタ等）などの新技術で、高圧直流送電が可能になり、１万キロメートルの送電ができるようになって、現実的な構想になってきました。

西澤潤一氏は直流電流ネットワークを地球表面に張り巡らすプロジェクトの提唱により、２０００年に**IEEE（アメリカ合衆国に本部を持つ電気工学・電子工学技術の世界最大の学会）のエジソンメダル**を受賞されています。そして、この新技術を使い、砂漠で発電された再エネを需要地まで長距離送電しようという、デザーテックといわれるコンセプトが、２００３年にローマクラブとヨルダン国立エネルギー研究センターが創設した「ＴＲＥＣ（Trans-Mediterranean Renewable Energy Cooperation）」で生み出され、デザーテック財団とヨーロッパ企業の連合体により、北アメリカと、中東で実現されようとしています。

ところが、現実の高圧送電網をいち早くつくり始めたのは中国でした。多くの水力資源、再エネ発電所が西部にあり、電力の需要の70％が東部の沿岸部や中部地域に存在する中国では、長距離・大容量の送電インフラが求められていました。そこで、２００９年から10年にかけて世界初の交流１００万ボルトＵＨＶ試験線と、世界初・世界最長の±80万ボルト直流ＵＨＶ送電線が運転開始され、運転経験を蓄積しました。自信を深めた国家電網公司は、第12次5カ年計画中（２０１１～１５年）に7兆円以上を投入して「三縦三横一環」の形状の交流の基幹送電線と11件のＵＨＶ直流送電線の建設プロジェクトを推し進め、全長4万キロの力強い送電ネットワークを完成しています。ＵＨＶの技術はロシア・アメリカ・スイス・日本で進んでおり、日本の東京電力と電力中央研究所は、中国に対しＵＨＶ送電関係の技術コンサルを行いましたが、中国は設備の国産化を進め、ある交流プロジェクトでは76％以上の設備が中国国産メーカーにより供給されました。中国の国家電網公司はキャッシュフローと技術力を手に入れ、『Fortune』の世界第8位の巨大企業となり、フィリピンやブラジルで、送電会社の買収や送電網経営権の獲得をしています。

この分野において、最先端でどのような議論がされているかについては、２０１６年9月9日に行われた自然エネルギー財団設立5周年記念シンポジウムの様子をご紹介することで、皆さんにもお伝えできるでしょう。なお、ここで紹介する各パネラーの発言は、私がわかりやすくまとめたものなので、興味を持たれた方は、ぜひ自然エネルギー財団のホームページを参照することをお勧めします。

―ソフトバンクグループ　代表取締役社長　孫正義氏―

私は3・11後、原子力のような事故を起こさない安全で安心なエネルギーを導入したいと考えた。

そこで5年前、アジアに豊かにある太陽、風、水の再生可能エネルギーを日本まで届けようと思ったが、人からは採算が合わない、政治的問題があると強く反対された。しかしながら、強く頼み込んでソフトバンクの資金の一部をこの事業に充てることにした。私は楽観主義者であり、常に夢を持ち、希望、情熱があれば、結果はついてくる、理念、ビジョンに結果はついてくると考えている。

まず、発電から始めた。国内33カ所で再エネ発電。次にモンゴルで７ＧＷの風力発電が可能な土地を１００年リースし、小規模な風力発電所の建設を開始した。ついで、インドに３５０ＭＷの太陽光発電基地建設を開始、今後インド国内で20ＧＷの発電所をソフトバンクで作ろうと計画している。

このような中で、２０１５年に素晴らしい出会いがあった。中国国家電網公司の劉会長である。「国々の電力網はつながるべきである」という考え方に、「私も同じビジョンをもっていた」と意気投合、モンゴルから日本に再生可能エネルギーを運ぶというアイデアに、韓国、ロシアの電力網会社の会長に声をかけようということになり、わずか数カ月の間に、日中韓ロ（ソフトバンク・中国国家電網公司・韓国電力公社・ロシアグリッド社）の４社の覚書（ＭＯＵ）の締結にまで持っていくことができた（２０１６年3月30日締結）。

この計画は、モンゴル→中国→韓国→日本というルートと、モンゴル→ロシア→日本という２本のルートを並行してつくり、東北アジアのゴールデンリングとしようとするもので、国際連携に関する調査や事業性評価をしてきた。どちらのルートも、石炭火力（10・５￠／ＫＷｈ）よりも安いというクイックスタディーの結果が出た。技術的にも、採算も大丈夫だということがわかった。２０２０年のオリンピックの聖火を電気のトーチで行いたい。

――中国国家電網公司前会長　グローバル・エネルギー・インターコネクション発展協力機構（GEIDCO）会長　劉振亜氏――

2015年9月25日に国連持続発展サミットで習近平国家主席がGEIの設立を提唱した。この団体は、自然エネルギー活用のための世界的な送電ネットワークを構築することを目的とする。中国、韓国、ブラジル、ロシアなど14カ国の電力会社、大学、研究機関など80社から構成されている。孫正義氏には副主席として参加いただき、自然エネルギー財団は理事会メンバーとして参加している。

GEIは、資源不足、大気汚染、地球温暖化を考えたとき必要な道であり、再エネの多く存在する地域と多くの電力需要が見込まれる地域をつなぎ、また違った場所に配置された発電基地を結ぶことで不安定性を軽減する。これまで利用できなかった再エネを利用できる。中国ではすでに多くの数千キロをつなぐ超高圧送電網（UHV）を建設しており技術的には問題ない。また、再エネの価格が下がり、化石エネルギーの競争力をしのぐ。また、各国間の信頼が強化されている。北極の風力、ロシアのエニセイ川、レナ川の水力、ゴビ砂漠の風力、太陽光に生産力がある。中・韓・日本でアジアの電力の60%を使っており、需要と供給が離れている。アジアの電力の連携が必要である。

世界がインターネットという神経系統でつながれたのと同様に、電力網という血管系でつながれることになる。国内レベル、大陸内、大陸間と広がり、2050年までにGEIの構築はほぼ完成する。

ロッキーマウンテン研究所　共同創設者・主任科学者　エイモリー・B・ロビンス氏

オーストラリア市場を見ると、省エネ、再エネの導入などにより、電力需要は政府の見通しを大きく下回り、今後も伸びないと見られている。また、GNPあたりのエネルギー消費量も大きく下がっていく。建物の断熱性能は向上し、照明はLEDなどの導入で飛躍的に電力消費量が下がった。電力業界は需要の調整、効率化、規制、電力貯蔵、再エネ、新たなビジネスモデルなどで収益性を失っていく。

再生可能エネルギーの発電量の変動は、1日前には、少なくとも次の日の需要予想よりもより正確に把握できるようになった。困るのは逆に原発の停止などの大きな変動だ。そして、風力や太陽光、地熱、バイオマス、EVによる電力貯蔵、デマンドの再エネが多い時間帯へのシフトによって、需要変動にほとんど対応できるようになっている。ヨーロッパで2014年消費電力のどのくらいの割合が再エネによって供給されたかを見ると、スコットランドで50%、デンマークで59%、ドイツで27%、ポルトガルで64%、スペインで46%などである。今後は、遠くにある最高の資源を持ってくるか、近くのほどほどの資源を使うかという問題になる。

ディスカッション

自然エネルギー財団理事長　トーマス・コーベリエル　エイモリーさんは、再エネが地域分散型で発達すると述べられ、劉さんは系統線を重要視するお話をされた。お二人の考え方に違いがあるのか？

ロビンス　デザーテックプロジェクトはうまく進んでいない。それは、サハラでなくても、太陽光パネルを南ヨーロッパの屋上につければよいということになったから。私の立場は、分散型か系統連系型か、どちらが良いというものではない。どれかの馬が勝てばいい。

孫　この問題は、コンピューターの分野では常に議論されている。コンピューティングをローカルのレベルのマイクロコンピューティングで行うのか、それともクラウドで行うのかということである。現在議論されているのはビッグクラウド。クラウドがなければ、グーグルも、アマゾンもアリババも存在せず、マイクロコンピューティングがなければｉＰｈｏｎｅはない。両方ともとても重要で、それを接続させなくてはならない。電力も接続させればいいのではないか。

劉　クリーンエネルギーの発展を集中的にやるか、分散的にやるかは難しい問題。その地にあった形で発展させる必要がある。アメリカ、ドイツでは庭に太陽光パネルが置ける。中国の東部では土地が高く、マンションではそうはいかない。条件によって変わる。北アフリカのデザーテックがうまくいかなかったのは、送電ロスのため。現在ではアフリカ、コンゴの水力発電を北アフリカに送り、それを太陽光発電と一緒にしてヨーロッパに送るというアイデアを検討している。

コーベリエル　モンゴルで風力発電をするから、日本で風力発電を遅らせる理由にはならないのですね。

このシンポジウムのパネラーの発言からわかるように、現在、高圧送電ネットワークが、企業のイニシアティブでビジネスとして発展しつつあります。しかし、国連の提唱するＳＤＧｓ（持続可能な開発目標）を達成するためには、ビジネスとしては採算の合わない地域や国々にも送電網を広げなくてはならないのです。送電事業の目的の重要な一つが、世界の化石燃料の使用を電気に置き換えようとするものですから、なおさらです。従って、将来的には世界みどり公社から、採算の合わない地域での送配電網の管理者に対し、補助を行うことも出てくるでしょう。

第8章

ベーリング海峡ダムの決定的な重要性

第7章までの説明で、さまざまに乗り越えなくてはならない困難はあるものの、世界に再生可能エネルギーのネットワークが張り巡らされ、世界みどり公社の設立によってパリ協定が順守され、ＢＨＣＳなどによって炭素固定が順調に進めば、大気中への温室効果ガスの排出はコントロール可能だとご理解いただけたと思います。しかしながら、我々が薄々気づいているように、実はここ数年の地球温暖化の進行は、ＩＰＣＣが想定している将来予測を上回っています。最近のカリフォルニア、インドネシア、アマゾン、オーストラリアの森林火災、グリーンランドや南極の氷河の崩壊スピードを見るだけでも、人間圏からの温室効果ガス排出をゼロにする他にも地球温暖化を鎮める方途がなければ、2℃目標でさえ達成することが難しいと思われます。

私は、地球温暖化を鎮めるための一つの手法としてベーリング海峡に開閉式のダムをつくり、北極海、北極圏の氷雪を回復することが有効だと考えており、この章で詳しく説明します。しかしながら、読者の皆さまに、ベーリング海峡の重要性についてご理解いただくためには、海洋、特に北極海と気候の関係について説明が必要です。また、海洋と気候の関係については、氷河期の発生など地球の歴史の中で変化した部分もありますので、まずは時間を遡って説明を始めたいと思います。

地球・海の誕生から生命の誕生・スノーボールアースまで

ここでまずお伝えしたいのは、大気中の温室効果ガス濃度が、海との関係で決定されてきたことで

す。

太陽系誕生の頃、沢山の小惑星がぶつかり合って、今の月よりももっと小さい微惑星と呼ばれる惑星が沢山できました。そしてその微惑星がまた何度もぶつかり合い、砕けては結合し、その内の一つ、地球が、やっと今の火星ぐらいの大きさになった時には、運動エネルギーや放射性物質からのエネルギーによって、地球の内部はマグマオーシャンと呼ばれる鉄とケイ酸塩が混ざり合った液体状の物質になっていたと考えられます。そこから、鉄などの重い物質は地球の中心に向かって落ち込み核となり、核が出来上がると、その周りにケイ酸塩の岩石が主成分となるマントルができ、さらにいくつかの微惑星を吸収しながら地球は数億年かけて現在の大きさになったと言われています。

生まれたばかりの地球の周りには約１００気圧、水蒸気を主成分とし、多くの二酸化炭素を含む原始大気が取り巻いていました。地球は厚い雲に覆われていましたが、地表が高温のため、地表から３００kmまでには雲がありませんでした。地表温度が４００℃を下回ると、雨粒が地上に達し、しだいに水深を増していきます。そうして生まれた酸性の海水と、海底岩石の反応が進み、海は強酸性から弱酸性に変わっていきました。大気中の二酸化炭素が海水に溶け込み、Ca, Mg, Feなどと結合して炭酸塩の鉱物になり、堆積していきます。大気中の二酸化炭素分圧が低下し、温室効果が弱まり、海水の温度が１００℃以下になったころには、水深は２０００ｍに達していたとされています。（数研出版　高等学校地学Ⅱなど参照）

そのころの地球にはまだ陸地はありませんでした。海の下に厚さ数キロの海洋地殻が生まれました。

炭素は、地球の地殻においても、それほど大量にある元素ではありません。重量に占めるパーセント（クラーク数）でみた場合、酸素が49・5、ケイ素が25・8あり、合計75・3すなわち、地球の地殻の4分の3は二酸化ケイ素すなわち砂である、ということになります。炭素の量は、0・08すなわち、1000分の1以下の割合ということになりますが、炭素が二酸化炭素と結び付き、地球の周りを取り巻くと温室効果を発揮し、地球の誕生以来、この二酸化炭素の量が地球表面の温度を決めてきた、ということになるのです。

そして、この二酸化炭素は、海中で鉱物の炭酸塩となり、そのほとんどはカルシウムと結び付き石灰石となって、地球の大陸の大事な構成要素となります。石灰石は軽いだけでなく、低い温度（数百度）で変性しますので、地球の火山活動に関連してきます。プレートテクトニクスの中で、地下に引きずり込まれた海洋底の岩石などが、水と高温高圧下で反応し、マグマとなるとき、石灰岩もふたたび分解して二酸化炭素を放出し、その二酸化炭素が火山噴火の際に大気中に戻されるのです。

一方、100℃以下になった水中で、炭素を中心に生命を生み出すための化学反応が起きたと考えられます。それは、有機物の合成です。別に何か特別なことが起こらなくても、二酸化炭素と水を高温高圧化に置いておくと、自然に有機物が生まれてくるのです。アミノ酸くらいまでは実験室ですでに作られているのですが、その生命の材料から本当の生物、外部からエネルギーを取り入れ、自己複製する存在がどうやって生まれてくるのか、その部分はまだ神秘のベールに覆われています。（技報堂出版　水熱科学ハンドブック参照）

また、生命の材料から生まれた原始生命が、海洋底にいたのか、それとも土の中にいたのかはまだわかっていません。ただ、はっきりしているのは、最初の生命は、酸素を使った呼吸をしたのではないということです。そのころの地球にはO_2（酸素分子）は存在していませんでした。二酸化炭素と水からメタンをつくる、二酸化炭素呼吸を行っていたのではないかと言われています。その方法で呼吸する細菌は現在でも土中に沢山棲んでいて、メタンをつくっており、冷たい海底などではそのメタンがメタンハイドレートになって大量に堆積しています。大気中に大量にある窒素分子は、土中の硝酸呼吸をする細菌によってつくられたと言われていますから、地上に大量にある物質は、なにかの生命活動によって生み出されたものと疑ってみるのが良いのかもしれません。人間がもし絶滅したら、地球に大量の人造混成炭酸塩岩（コンクリートのことです（笑））と二酸化炭素を排出した生物、ということになるのかもしれません。

話がそれました、生命の発生の後、地球大気の主成分は生物由来のメタンになりました。現在の大気の組成の下では、メタンは短時間のうちに酸素と反応して二酸化炭素になりますが、当時の大気中には酸素分子はありませんでした。それゆえ、当時の地球は、現在より弱い太陽の光の下でもメタンによる温室効果により温かだったとされています。そして次に、大きく地球の温度に影響を与えたのが約20億年前の海に住んでいたシアノバクテリアによる光合成でした。かつてラン藻類と呼ばれていたシアノバクテリアは、じつは藻類ではなく、バクテリアであり、光合成生物の葉緑体もシアノバクテリアの進化形ではないかと言われています。シアノバクテリアは水と光さえあれば、光合成を行うことができるため、地球上で大増殖し、大気の二酸化炭素を奪っていきました。これが地球から温室効果を失わせ、平均気温がマイナス50℃まで低下したスノーボールアースを生み出しました。スノーボールアースの時代には地球は赤道まで深さ２０００ｍの氷に覆われたと考えられています。（ＮＨＫ出版　地球大進化など参照）

温かい地球と大量絶滅

この節で、特にお伝えしたいのは、現在でも主に海中に存在するメタンハイドレートが地球の温度を急に引き上げる要因として常に存在しており、我々はその崩壊を止めることを念頭に置かなくてはならないことです。

一つの地球の安定した状態であるスノーボールアース状態から地球を脱出させたのは、火山から噴出する二酸化炭素でした。当時は海がなかったので、火山から噴出された二酸化炭素は大気中に蓄積され、数千万年かけてCO_2濃度は現在の４００倍にも達しました。その温室効果が氷の層を融かし、地球の平均気温を１００℃も上げて温かい地球をもたらしたとされています。その後、海水などに二酸化炭素が吸収され、石灰岩やメタンハイドレートとして二酸化炭素は固定され、地球の温度は下がっていきます。陸上で植物が大繁殖し、地球が再びスノーボールアースの方向に行きかけたこともあったようです。しかし、太陽の光が少しずつ強くなっていったこともあり、それから約20億年、全体

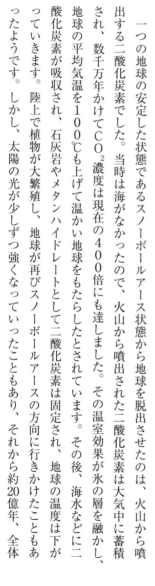

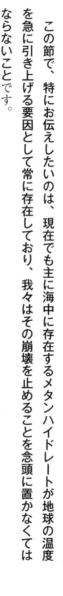

としては比較的温かい時代が続きました。さまざまな生物が生まれ、生態系が生まれ、地球の大事件とともに絶滅・再生を繰り返します。しかしながら、私にその大事件の歴史を書く力はありませんし、この本の趣旨とも離れますので、この長い期間の記述については割愛させていただきます。しかしながら、海と大量絶滅に関係した重大なファクター、メタンハイドレートについて少しだけ書こうと思います。

メタンハイドレートとは、低温・高圧の条件下でメタン分子が水分子に囲まれた、網状の結晶構造をもつ固体で海底に大量に埋蔵されています。見た目は氷に似ているので、燃える氷と言われることもあります。起源については、メタン生成菌由来のもの、有機物の熱分解によるもの、火山ガス由来のものがあるとされ、C13の少ない軽いメタンハイドレートは生物由来とされています。地殻に存在する炭素は、多くは安定な炭酸塩岩（石灰岩など）として存在しますが、残りの55％はメタンハイドレート、20％が炭化水素、15％が土と陸上生物、５％が海中の生物として存在し、大気中の二酸化炭素になっているものは、わずか0・02％に過ぎないと言われています。このため、何か地球の炭素循環に異常が起こると、大気中の二酸化炭素は急激に増えてしまうのです。メタンハイドレートの崩壊がそうですし、人間による化石燃料の使用もこれにあたります。

かつて、大陸の集結と分裂に関連してマントルプルームが生じ、マントル物質あるいは溶けた海底地殻が地上に吹き出し、シベリア高原などを作ったことがありました。この大規模な溶岩の噴出が地球の気温を上げ、この気温の上昇がメタンハイドレートを崩壊させてメタンの大気中への放出をもたらし、さらに地球の温度を上げたことが、海洋の酸欠と生物の大量絶滅に繋がったのです。（ＰＴ境界の発生　ＮＨＫ出版　地球大進化　参照）

氷河期

この節で、言いたいことは、最近の地球の地形、特に南極と北極の地形により生み出された白い極冠が氷河期をもたらしたということです。

約６５００万年前、白亜紀の終わり頃までは、地球の火山活動が活発で、二酸化炭素濃度は現在の数倍、地球の平均気温は23℃ぐらいであったとされています（地球の温度は、有孔虫の殻の酸素同位体比から再現されます）。その後新生代に入り、約３５００万年間で平均気温はだらだらと下がり、現在から１０００万年ぐらい前にもう一段下がって氷河期に突入します。この変化をもたらしたのは、地球の大陸の配置と、海洋深層の温度変化だといわれています。

まず、新生代の初めには、赤道付近にテーチス海といわれる温かい海が広がっていました。そこで温かく塩分濃度の高い海水が作られ、沈降し、深海に広がっていました。温かい水は両極まで流れ、両極に海氷はなく、冷たいがゆえに重い水は形成されていませんでした。ところが、今から３５００万年前には、それまでつながっていたオーストラリア大陸と、南米大陸、南極大陸が分離し、南極の周りを南極環流が巡るようになりました。冷たい海流に取り囲まれたため、南極は氷で覆われた大陸

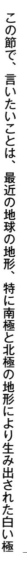

になりました。これにより、南極周辺で冷たいがゆえに重い海水が作られるようになり、深海の温度が下がっていきました。海底近くの水温が、段階的に15℃から２℃近くまで下がったのです。約１０００万年前に北極の周辺の地形も現在に近いものとなり、北極周辺にも氷河が発達、海流に影響を与え、現在と同様の海流の深層循環ができたのはおよそ１１００万年前ごろとされています。両極が寒くなると赤道との温度差が広がるため大気循環が活発になり、すなわち風が強くなり、海流の速さも早くなって、海水の湧昇域も増え、栄養分が多い深海から湧き出た海水の中で大量の珪藻が育ち、大気中から二酸化炭素を奪います。このようにして地球の気温は下がっていき、氷河期がもたらされたのです。ここで「深層循環」と「北極海に氷が張る理由」について書いておきます。

●深層循環

海流には大きく分けて「表層循環」と「深層循環」があります。暖流や寒流などで知られる表層循環は、主に海面と風の摩擦運動によって起こるのですが、深海で起こる深層循環には、海水の温度と塩分濃度が深く関係しています。水温が高く、塩分濃度が薄ければ海水は軽くなり表層を流れますが、一方、水温が低く、塩分濃度が濃ければ海水は深層へと沈み込みます。北大西洋のグリーンランド沖で深層へと沈んだ海水は、北米・南米大陸に沿って海底を南下。南極付近で新たに沈み込んだ深層海水と合流し、さらに巨大な海流となります。そして、その一部はオーストラリア大陸の手前でインド洋へと分かれますが、本流はさらに時計回りに循環を続け、ニュージーランド南方から赤道を超えて北太平洋で上昇、ここで表層海流となります。この深層循環を深層流の出発点の名前をとって、大西洋子午線循環（ＡＭＯＣ）、あるいは熱塩海洋循環といいます。ここまでの流れで約１０００〜２０００年かかると言われ、インドネシア沖を通って再び表層の流れに乗ったのち、大西洋へと北上していきます。

●北極海に氷が張る理由

海水は冷たいほど重く、零度で一番重くなります。ですから、寒い海でも冷えた水は深海に落ちていき、氷になることはありません。しかし、**北極海は、海の中が温度と塩分濃度の違う海水で複雑な層状構造になっているため、氷が張るのです。**

北極海が層状構造をなすのは、この海が四方をぐるりと陸地に囲まれており、グリーンランド海からノルウェー海に至る部分と、ベーリング海峡により他の海に接しているだけだからです。一番深層の水深１５００ｍ以深には、低温・高塩分の北極海深層水があり、その上の深さ１５００〜２５０ｍくらいまでに、一番量の多い、大西洋から流れ込んだ、高温、高塩分の海水層があります。その上２５０〜１００ｍぐらいまでに、冷たくて、大西洋水よりも塩分濃度の低い太平洋から流れ込んだ冬季水があり、その上、水深１００〜30ｍに、温かくて塩分濃度の低い、太平洋から流れ込んだ夏季水があるのです。**一番上の層に、海氷が解けてできた塩分濃度の低い海水や河川水が存在し、ここが凍ります。**

大西洋子午線循環（ＡＭＯＣ）停滞は氷河期をもたらすのか？

ここで、近年の温暖化の議論を混乱させてきたファクターＡＭＯＣについて議論しておきたいと思います。

ヨーロッパの気候に大きな影響を与えているのが、メキシコ湾流から発して北大西洋を南西から北東方向に流れる北大西洋海流です。この海流は幅の広いゆったりした海流で、支流の一つは南に反転してカナリア海流となり、一方本流はノルウェー海に流れ込んでノルウェー海流となり、一部は北上して東グリーンランド海流およびイルミンガー海流となります。北大西洋海流は塩分濃度が高く、それがグリーンランド付近で冷やされると非常に重い海水になり、海水の深海への沈み込みポイントとなっているとされています。

北大西洋海流は、偏西風とともに、高緯度に位置する西ヨーロッパの冬の寒さを緩和しており、北ヨーロッパやアイスランドを含む西ヨーロッパ各地域に比較的温暖な気候（西岸海洋性気候）をもたらしています。スカンディナヴィア半島西岸の港が不凍港なのもこの海流の影響です。ですから、ヨーロッパの人々にとって、この海流は、『風の谷のナウシカ』の風の谷に吹いてくる風のように、「生きていくために死活的なもの」と考えられています。日本の黒潮などと違い、「止まってしまうかもしれない」という恐怖感が心の深いところにあるのは、ヨーロッパの人たちが、氷河期の終わりのある時期この海流が止まり、寒の戻りとしての大変寒い時期（ヤンガードライアス期）がヨーロッパにやってきたことを知っているからでしょう。

氷河期の終わりごろの気温は、グリーンランドの氷河の氷に閉じ込められた酸素の同位体比で知ることができます。気温が高いほど酸素O16の同位体、O18の割合が高くなるのです。それを見てみると、過去十万年の平均気温は、現在の気温から見て、マイナス2℃からマイナス10℃の間を激しく変動していました。今から1万3000年前に、北半球の平均気温が一度現在に近いほどまで上がった後、急に1000年の間8℃ほど低下した事件があり、その寒冷期をヤンガードライアス期と呼んでいます。

このヤンガードライアス期がもたらされた原因については次のように説明されています。

気温が上昇したために、北米やヨーロッパの氷河が解け、大きな淡水湖ができていた。それがある時一気に大西洋に流れ込み、海の塩分濃度を薄くした。そのために海水の深海への沈降が起こらなくなったため北大西洋海流がヨーロッパまで北上しなくなった。これがヨーロッパの急激な寒冷化をもたらした。

この説明にはいくつかの物的な証拠があります。温度の上下に関してはグリーンランド以外の氷河でも確認されていますし、淡水湖が決壊して残された地形もアメリカに存在します。また、この期間北大西洋が冷たい海水で満たされていたことは、海底に降り積もった有孔虫の殻の化石から証明されています。

そこで、**現代の地球温暖化に関する議論と繋がってくるわけですが、現代のように気温が上がり、グリーンランドなどの氷が解けて海水の塩分濃度が下がると、深海への海水の沈み込みが鈍化するのではないか**と言われています。最新のＩＰＣＣ海洋・雪氷圏特別報告書においても今後ＡＭＯＣが弱まる可能性が非常に高いとされています。そこで、**地球温暖化がこのまま進行すると、ＡＭＯＣが弱まり、氷河期が再来するのではないか、という議論**が生まれ、どのように温暖化後の地球の姿を予想すればよいのか、理解を難しくしてきました。ハリウッドの映画『デイ・アフター・トゥモロー』はこの議論をベースに、ＡＭＯＣの変化により、北米が急激に寒冷化する様子を描いています。しかし本当に、ＡＭＯＣの停滞は今、もっとも憂慮しなくてはならない要素なのでしょうか？

ＡＭＯＣ停滞懸念が今後の温暖化予想において最重要でない理由

１９８０年代にブロッカー（Wallace Smith Broecker）によって発見されたＡＭＯＣですが、近年海水の沈み込みがより詳しく調べられ、沈み込み地点が海水の塩分濃度が非常に高い大西洋の海洋上ではなく、それよりもかなり北、グリーンランドの氷床に接した地域で塩分濃度がそれほど高くない場所であることがわかりました。また、南極で同様に沈み込みが起こっているウェッデル海とロス湾とグリーンランドの共通点を見ると、沈み込みの原因としては塩分濃度が高いことよりも、気温が著しく低く、氷床が湾に沈み込んでいるような地形が重要なのではないかと言われるようになりました。

このようにAMOCの発生機構について疑問が呈されるようになったのです。また、イギリスの国立海洋学センターの研究グループは、2004年の北大西洋の熱塩海洋循環が、1957年と比べて30%も減速していると発表しましたが、その後の調査で多くの科学者はその変異を測定誤差の範囲内とし、現在熱塩海洋循環に異常がみられるとする科学者は少数派です。

北極海やグリーンランド周辺の氷が解けているのに、なぜ北大西洋の熱塩海洋循環の勢いは衰えないのか、議論が起こっています。ある説は、メキシコ湾流が、亜熱帯還流の一部で、本来風力で駆動されていることに基づき、多少、水温と塩分濃度の差異が縮小しても、風力が衰えないうちは、海洋大循環全体にあまり影響を与えないのではないかと述べています。このため、大西洋における海洋大循環を指す言葉として、熱塩海洋循環という原因を特定した名称に代わって、子午面循環(Meridional Overturning Circulation)という地理的特徴に因んだ名称が使われる傾向があります。そこで、今後の地球温暖化の議論においては、子午面循環の停滞を第一のテーマにする必要はないのではないかと考えます。(この節については永井俊哉氏『熱塩海洋循環の停滞は何をもたらすのか』参照)

たしかに、ヤンガードライアス期には北大西洋海流の北上が弱かったのですが、もしかしたら、これは全くもしかしたらですが、当時北大西洋の北部は氷が張り詰め、そのために風の影響がなくなって海流が弱まったのではないでしょうか。このような想像を許すぐらいに、当時のAMOCの状況についての人類の知見は不確かなのです。

ベーリング海峡からの太平洋水の流入と北極海の海氷減少

２００６年12月、米国立大気研究センターとワシントン大学は、北極海海氷面積の減少速度が大幅に加速しており、早ければ２０４０年の夏に北極海氷は完全消滅する可能性があるという予測を公表しました。しかし実際は予測を大きく上回り、翌年２００７年９月には、北極海の海氷面積は観測史上最小値の４２５・５万平方キロメートル（２０１９年は３９６万平方キロ）まで減少しました。**海洋研究開発機構（ＪＡＭＳＴＥＣ）は、この海氷面積の減少について、ＩＰＣＣ第４次報告書で予測されている北極海での海氷の減少を大幅に上回るものであり、これまでの予測モデルでは、北極海で起こっている現象が十分に表現されていないことを示している、と次のようにコメントしています。**

１９９７年のエルニーニョを契機として、太平洋からベーリング海峡を通って北極海に流れ込む海水の温度が上昇し、それにともなって、北極海の太平洋側の海氷の急速な減少が生じた。海氷で閉ざされた海域に生じた巨大な開口部（ポリニア）の海中には、太平洋由来の高温の海水が滞留していた。また、沿岸の海氷が減少したため、摩擦が減って海氷が動きやすくなり、北極海全域にわたる大規模な海氷の運動が生じ、これが太平洋からの海水の流入を加速している。さらに、北極海内部に広がった脆い氷が早期に融解したため、海面が太陽光を吸収して温度が上昇し、さらに海氷減少を加速している。北極海から大西洋に放出される海氷も増加している。

東京大学気候システム研究センターは、北極海から海氷が消えることが地球気温に与える影響のシミュレーションを行いました。同センターの阿部彩子博士は、15年で北極圏の気温が15℃上昇、地球全体の気温も2℃上昇すると報告しています。北極圏の気温が上昇すると、永久凍土中、あるいは北極海に広範囲に広がる浅い大陸棚に存在する膨大な量のメタンハイドレートが崩壊し、地球温暖化をさらに加速させる可能性もあります。他の研究でも、**海氷を含めた北極圏の氷雪面積と北極圏の気温の変動には密接な関係がある**とされており、現在、**いかにこの氷雪面積を維持し増大させるかが、地球温暖化を食い止める上での重要な関心事になっています。**

ベーリング海峡を通る太平洋水が北極海で果たしている役割について

先述したように、北極海の海水は、温度と塩分濃度の違う、いくつかの層から成っています。一番上の層に、海氷が解けてできた塩分濃度の低い海水や、河川水が存在し、ここが凍る部分なのですが、**現在の北極海では、上から二層目の、夏期に太平洋から流入する海水の温度が上がり、量が増えたため、最上層が凍らなくなったという問題が発生している**のです。

次に紹介するのは、単純にベーリング海峡からの海水の流れ込みを止めるわけにいかないという研究です。ＪＡＭＳＴＥＣの伊東素代博士は、次のような研究を発表しました。

冬季に太平洋からベーリング海峡を通して流入する海水が、北極海最大級の沿岸ポリニア（海氷がなく海面が姿を見せている場所）を通過する際に冷やされて海氷を形成し、高塩分・高密度の海水であるブラインが排出される。**太平洋冬季水は、このブラインを含んで重くなり、北極海の中層に広がり、下層の大西洋水の膨大な熱量が表層に影響し、海氷融解が促進するのを防ぐバリアーの役割を果たしている。**

次いで、ベーリング海峡の閉鎖が、大西洋の北部の温暖化をもたらすという研究で、先ほど述べたＡＭＯＣの弱まりに関係するものです。**ベーリング海峡からの太平洋水がなくなると、大西洋北部で定常的に起こっている海水の深海への沈み込みが増加し、大西洋北部の海流が力を増し、気温が上昇するというアメリカ大気研究センター（ＮＣＡＲ）などの研究者による論文が**『Nature』２０１０年２月号に掲載されました。要旨は下記のとおりです。

最近の氷河期の間、約20～30ｍの海水面の変動が常に起こっていた。この海水面の変動は主に北半球の氷床の量の変化によりもたらされているが、この変動は太陽放射の影響（ミランコビッチサイクル）だけがその原因だとすることはできない。ここで我々は、ベーリング海峡が海水面の低下によって閉鎖、または水流が少なくなった際に、比較的塩分濃度の低い太平洋水が大西洋北部に流れ込まなくなって、北部大西洋の表層水の塩分が高くなることを考慮に入れた気候モデルを用いた。北大西洋の海水の沈み込みが活性化すると、海洋のコンベアベルトによる北方向への海水の流れと熱移動が活性化され、北アメリカとヨーロッパにおける氷床の融解につながる。我々のシミュレーションによると、海水面の上昇によりもたらされるベーリング海峡の再開は、太平洋からの比較的塩分濃度の低い海水を北部大西洋にもたらし、海洋のコンベアベルトを弱め、温度を下げて、北半球における氷床の拡大をもたらす。我々は、このサイクルの繰り返しが、最近の氷河期に観察された海水面の変動をもたらしたと結論する。

ベーリング海峡ダムについての論考

伊東博士の指摘のとおり、北極海において、太平洋からの流入水は、大西洋水と、海面の低塩分水の中間に存在し、大西洋水からの熱が海氷の形成を阻害することを防いでいる可能性があります。従って、太平洋冬季水については、ベーリング海峡から北極海に流入させなくてはならないのです。

次いでＮＣＡＲの研究についてですが、この論文が指摘する、「ベーリング海峡の流量が、北大西洋における海水の沈み込みに影響を与え、地球の温度を変化させる」というシステムは、数千年のタイムスパンで気温の上昇と下降を生み出すシステムです。現在の北極の氷の減少と北極地方の温度上昇という事態は、数十年、数年というタイムスパンで生じている現象で、そもそも、**ＮＣＡＲの論文が正しいとすれば、ベーリング海峡に大量の太平洋水が流れている時には、ＡＭＯＣが弱まり、北極が寒冷化の方向に進んでいなくてはならないはずです。現在の温暖化は、ＮＣＡＲの論文で想定されていない事態です。**さらに、この論文発表後、ＡＭＯＣの海水の沈み込みについて、海水の塩分濃度との関連が弱いという研究も出ているので、「流入する太平洋からの高温水を止め、北極海に海水を回復させるとともに、ベーリング海峡にやってくる太平洋水の温度が低い時期を狙って海水を北極海に流す」という作業に対して、この論文が、それをすれば、「大西洋に流れ込む太平洋水の量が減ってＡＭＯＣが強まり、ヨーロッパに温暖化が起こる」という意見の根拠にはならないと考えます。

２０１８年12月21日にアメリカのサイエンスに関する情報サイト『NEW ATLAS』に次のような記事が掲載されました。要旨を紹介します。

〈ベーリング海峡に現れた氷の壁が氷河期のトリガーを引いた by Michael Irving〉

地球の規則的な温暖化や寒冷化は、ミランコビッチサイクルや人間活動で説明できますが、約１００万年前に発生した寒冷期へのシフトの原因は謎のままです。

約２５８万前から1万年前まで続いた更新世は、氷河期として知られていますが、約１００万年前の中期更新世への移行時（ＭＰＴ）より強い寒さの長期的なパターンが始まりました。

このパターンはミランコビッチサイクルから外れており、この原因を科学者は把握していませんでした。一つの説明は、海洋の塩分濃度と温度からなる層状構造がその時期に強化され、CO_2が海の深部により多く貯蔵されていた可能性があるというものです。イギリス・エクセター大学のチームはベーリング海の底から深い堆積物のコアを取り出し、海洋微生物からの堆積物と化石の殻の化学を研究することにより、地域の海面と海底の水塊の変化の詳細な歴史を研究しました。その結果、**MPTの頃にベーリング海の層状構造が強化されていたことがわかりました。これは、北太平洋亜寒帯の深部に閉じ込められたCO_2がそこにとどまり、海がさらに多くのガスを吸収することを意味し、これが地球規模の冷却につながります。この層状構造がもたらされた原因は、氷河期の間にベーリング海峡が氷結したためだとチームは言います。**

『Nature Communications』に発表されたこの研究の筆頭著者であるSev Kenderは――

氷河が成長し、海面が約100万年前に低下したため、ベーリング海峡は閉鎖され、ベーリング海内の冷たい水が保持されていました。ここに二酸化炭素が保持されたため、それ以降のより厳しい氷河期がもたらされたはずです。私たちの調査結果は、高緯度海洋の現在および将来の変化を理解することの重要性を強調しています。これらの地域は、大気中の二酸化炭素の長期隔離または放出にとって非常に重要です。

――と述べています。

この記事に紹介された研究に対しては、ベーリング海程度の面積の海にそのような能力があるのか？　などというコメントもなされていましたが、私にとっては嬉しい研究です。実は私は、ベーリング海峡を閉じた時、北極海に流れなくなった海水が、ベーリング海でどのような挙動をするのかを調べなくてはならないと感じていましたが、**過去にベーリング海峡が閉じられた時に、ベーリング海に冷たい安定した水塊が生まれた**ということであれば、地球温暖化防止という観点からすれば、それは非常に好都合なことです。

　このように、ベーリング海峡にダムをつくることに関しては、メディアに載っているレベルの研究ではまだ思考実験のレベルであると言わざるを得ません。しかしながら、**北極圏の氷雪の面積が、CO_2の濃度を除き、現在の地球の気温を決定する最も重要なファクターである**ことが明確になってきました。そして、**ベーリング海峡から北極海に流れ込む、夏期の高温の太平洋水が、北極海の海氷面積の減少に大きく寄与している**ことは明白です。さらには**北極海の海氷減少が、グリーンランドの氷床融解に拍車をかけている**ことが明らかになりました。(National Geographic News site 2016.06.14)このため、私はベーリング海峡にダムをつくり、この太平洋水を止めて北極海氷を回復することを真剣に検討しておくべきだと思います。

　繰り返しになりますが、確かに、ベーリング海峡を通る太平洋水を遮断してしまうと、現在北極海に存在している冷たい海水層を消滅させる恐れがあるという指摘や、北大西洋における海水の沈み込みを弱めるという指摘があります。私はベーリング海峡ダムを、夏期の高温水のみを遮断し、その他の時期の太平洋水を通過させるものとして設計することにより、地球環境への影響を最小限に抑えつつ、北極海の海氷を回復することが可能だと考え、提案しています。**各国に、ベーリング海峡付近の**

地形、地質調査と、本ダムの、海流、塩熱循環、海氷面積、気温、生態系等への影響のシミュレーションを早急に行うことを求めます。

ミランコビッチ・サイクル（Milankovitch cycle）とは、地球の公転軌道の離心率の周期的変化、自転軸の傾きの周期的変化、自転軸の歳差運動という三つの要因により、日射量が変動する周期である。１９２０−１９３０年代に、セルビアの地球物理学者ミルティン・ミランコビッチ（Milutin Milanković）は、地球の離心率の周期的変化、地軸の傾きの周期的変化、自転軸の歳差運動の三つの要素が地球の気候に影響を与えると仮説をたて、実際に地球に入射する日射量の緯度分布と季節変化について当時得られる最高精度の公転軌道変化の理論を用いて非常に正確な日射量長周期変化を計算し、間もなくして放射性同位体を用いた海水温の調査で、その仮説を裏付けた。

海氷の減少と、最近北米・日本を襲う大寒波、極渦の崩壊について

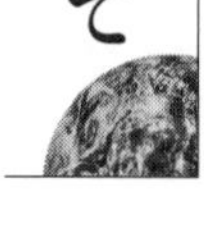

新潟大学の本田明治氏の論文「夏季北極海の海氷域現象がもたらす冬季ユーラシアの低温」によると、近年の日本を含む冬季ユーラシアの低温の原因は、夏〜秋の北極海の海氷域の減少だといいます。過去30年の観測データから、北極海の海氷面積が例年より少ないと、冬季のユーラシアは広い範囲で低温傾向になるというのです。その機序を数値実験により次のように説明されています。

秋の北極海の海氷減少は初冬の海氷拡大を遅らせる傾向にあり、露出した海面からの乱流熱フラッ

クスにより大気が加熱されやすくなる。北極海上の大気上昇があると、バレンツ海上空が高温偏差となり、シベリア高気圧が発達、発生した大気の波（ロスビー波）と亜寒帯ジェットの西風により、ユーラシア大陸に強い寒気が運ばれ、低温をもたらす。

簡単に言うと、北極海の氷が解けているから、シベリア高気圧が強くなって日本の冬に特に寒い時期が生じるのです。

もっとわかりやすい、北極の気候システムの崩壊の例があります。それは**極渦の崩壊**です。極渦とは、両極の上空、対流圏界面より上、北極点を中心にした成層圏に存在する強い低気圧です。成層圏では、極渦は、極夜ジェット気流に囲まれた風速の速い循環として観測され、周辺部であるジェット気流付近で最も風が強く、中心付近では風が弱いため、低緯度からの暖気流入が遮られて低温となっています。この渦は、チベット高原やロッキー山脈などの高地の影響などで形が歪みます。

そしてこの成層圏の極夜ジェット気流が変化すると、気圧変化や温度変化が伝わり、成層圏よりも下にある対流圏の寒帯ジェット気流や、対流圏中緯度の偏西風も同じように変化します。これにより天気予報でよく出てくる「上空の寒気」の移動パターンが変化するのです。極渦が南下すると、寒気が流れ込みやすくなり、寒波に見舞われるのです。このように極渦は北極の気候システムの中心にあったのです。

２０１８年2月、２０１９年1月には温かい空気が大西洋とベーリング海の双方から北極海に入り込み、北極点を含む北極圏の中心を覆う事態となりました。それにより、北極の気候システムの中心

にあった極渦が二つに分離してしまうという事態が起こりました。二つに分裂した極渦の一つはアメリカ北部に南下して大寒波をもたらし、もう一つはシベリアに南下し、日本にも大寒波をもたらしました。

いま地球の気候の異常はこのレベルまで進んでいるのです。

ベーリング海峡をめぐる日本と世界の取り組み

日本政府も、北極が全球平均の2倍以上の速さで温暖化していること、海氷面積が特に2000年代に入って急激に減少していることをよく認識しています。また、陸上では北極各地の氷河が縮小を続け、グリーンランド氷床も融解や崩壊の危機にあると認識されています。

そこで、日本政府はこうした激しい北極の変化を捉え、その仕組みを解明し、将来予測をすることに貢献しようと、「グリーン・ネットワーク・オブ・エクセレンス（GRENE）」北極気候変動研究事業、「急変する北極気候システム及びその全球的な影響の総合的解明」を2011年から2016年にわたって実施しました。39の研究機関との共同研究を行い、日本の北極研究者360名以上が参加、初めて日本の総力を挙げて、分野横断的な研究や、観測とモデルとを融合した研究による、総合的な北極研究が実現したのです。

そこでの研究テーマのうち、読者の皆さんに特にお伝えしたいのは二つ。一つは北極海の水温上昇が気候を変動させ、日本に寒波や大雪をもたらすことが調査されました。そして二つ目、ベーリング海峡付近の海流や水温などが詳しく調査されたのです。報告書には、このベーリング海峡周辺の調査を、北極海航路の利用のためとしていますが、私には日本政府がベーリング海峡ダムについて真剣に調査し始めたように思えてなりません。少なくとも今回行われた調査で、ベーリング海峡ダム建設の影響をシミュレートあるいはアセスするのに必要なデータがかなり収集されたことでしょう。ぜひ、精緻なシミュレーションを行っていただきたいと思います。

〔ベーリング海峡トンネルのプロジェクトがスタート〕

２０１１年９月、ベーリング海峡トンネルをつくり、シベリアとアラスカをつなぐ鉄道を建設するプロジェクトをロシア政府が承認しました。

《記事　The Times, World Architecture News, Inhabitat》

史上最大の大胆なインフラ建設プロジェクトが発表された。ロシア政府が、シベリアと北アメリカを結ぶ大陸間鉄道建設にゴーサインを出したのだ。この取り組みはベーリング海峡を世界最長のトンネルで横断するというもので、イギリスとフランス間のチャネル海峡の２倍の距離のプロジェクトとなる。６５０億ドルのプロジェクトはシベリア内あるいはさらにそこから先の原材料を北アメリカに供給することを目的とする。しかしこのプロジェクトはそれだけでなく、北半球の４分の３をまたぐ鉄道ネットワークを結びながら、風力・潮力発電による電力を運ぶ、堅牢な伝送路のキーとなる結節点をつくることになる。

この考え自体は新しいものではない。1905年にニコラス2世がこの鉄道とトンネルについて述べている。この、計画されたり中止されたりしてきた計画は、アジアとアメリカにとって決定的な経済資源となり、貨物や乗客、光ファイバーや電力網の効率的な接続をもたらす。この計画のキーとなるのが、ベーリング海峡にある大ダイオミード島、小ダイオミード島の下を抜ける65マイルのトンネルである。100億から120億ドルのコストが予想されるこのトンネルは、三つのセクションに分けて建造され、日付変更線をまたぎ、二つの大陸塊を接続する。

この、民間企業と公的機関のパートナーシップで建設されるであろう高速鉄道とトンネルの持つ経済的なインパクトには驚くべきものがある。最も効率的な輸送手段により、毎年1億トンもの貨物を運ぶことが可能になるのだ。提案されている潮汐発電のプラントは、10GWのエネルギーを供給でき、一列に並ぶ風力発電基地は、コンスタントにクリーンエネルギーを供給し、世界的なエネルギー網にとって最重要の結節点となるだろう。このトンネルだけでも建設に15年かかり、エネルギーや鉄道のネットワークづくりには、より多くの時間がかかるであろうが、このプロジェクトは海上運輸とエネルギー産業に重大な変化をもたらす。

世界中の政府が緊縮財政を行っている中で、大規模なプロジェクトの話を聞くことは少なくなっている。しかし、21世紀において、環境的に健全な経済成長を行うためには、経済的環境的な利益をもたらす最重要のインフラの接続が重要な必要条件となる。

ここで紹介されている、ベーリング海峡トンネルが、私が提唱しているベーリング海峡ダムの役割を果たすものになるかどうかはわかりませんが、今後、さまざまな環境アセスメントがなされた結果、大丈夫だという結論が出て、さらには地球温暖化のスピードがこのダムを必要とする時には、その役割を果たせる施設がベーリング海峡に建設され始めていることは、私にとってとても心強く感じられます。

ベーリング海峡付近は年に数カ月しか工事を行うことのできない気候の厳しい場所で、しかも幅85㎞、深さは最深部で60ｍと、人類がこれまでに経験したことのない難工事となりますが、北極海の海氷の減少を放置する危険を鑑みる時、これは人類が乗り越えなくてはならない試練であると考えます。

第9章

神がベーリング海峡を指し示している

温暖化を止めることのできる鍵の一つを見つけたような気がして、久しぶりに落ち着いた気分になった僕は、息を吐き、目を閉じた。そして考えていた。ここに理沙がいて、この発見を話したら、どんなことを言ってくれるだろう？　その時僕は、突然理沙の声を聞いたような気がした。

「人類が協力し合えば地球が守れるなんて、とても不思議ね。きっと地球がそんな風に用意をしておいてくれたのよ。手をつなぎなさい、心を一つにしなさいって」そんなはずはないのに、僕は理沙がすぐそばで話をしてくれたような気がした。

　感傷に浸る間もない日々の中で、はじめて自分の中に理沙の記憶が生々しく生きていることを感じた。とても不思議な気持ちがした。でももっと不思議なのは、人類が滅亡の危機に瀕しているこの時に、人類全体が力を合わせた時にだけ乗り越えることのできるハードルが目の前に現れたことだ。もしそれが本当だとしたら、それは実に不思議なことだ。地球が用意してくれている。本当にそんな気持ちがしてきた。


日中言語文化出版社『アース・チルドレン』山口克也著　より

近年現れた神の気配

ベーリング海峡の話に入る前に、クロップサークルの話から入りましょう。広大な麦畑に突然現れる、多くは複雑な幾何学図形。クロップサークルの出現頻度は近年も上がっており、イギリス以外の国々でも頻繁に観察されています。クロップサークルを自分がつくったと証言する人が現れたりして、クロップサークルは人間の悪戯だという言説が流布され、世界の世論がクロップサークルと真剣に向き合うことができないでいます。誰がどう見ても、人間がつくったクロップサークルと、頻繁に出現する素晴らしい造形のクロップサークルは完成度が違うし、倒れている麦の一本一本の曲げられ方が違うのですから、人間がつくったものでないことは一目瞭然です。しかしながら、それを我々が受け入れられないのは、地球温暖化の存在を多くの人たちが長期間受け入れられなかったのと同じ、心理学的に言うと正常性バイアス、すなわち、問題を自分たちが対処できる範囲内で捉えてしまう、という人間の性質によるものです。

しかし、クロップサークルが、人間がつくったものでないとすると、我々は日々、人間でない知的生命体からのノックを受け続けているわけです。それに対して、人類としては誰も対処できていないということでしょう。まず、人類として、誰が、どの組織が人類を代表してその訪問を受け入れるのでしょう。人類はその訪問を受け入れていいのでしょうか？　それともいつまでも無視しておいた方が良いのでしょうか？　人類と宇宙意識との交流が始まるとして、その後の人類社会はいったいどのようなものになるのでしょうか？　私たちの日常生活、特に精神生活に何かの変化はあるのでしょうか？　人間の指導者層に、受け入れた後の目算ができていないから、我々はいつまでもノックが聞こえないふりをしているのでしょうか？

それでは、我々にノックをしてきている存在は、どのような存在なのでしょうか？　そもそも、このようにノックをしてきたのは初めてのことなのでしょうか？　沢山の疑問をならべました。私は、できればこの問題について深く考えたかったのですが、それらについて多くの紙数を割くことは、この本の趣旨を逸脱するのでひとまず置かざるを得ません。
ここでは、今まですでにクロップサークルに表現されているメッセージ、それからベーリング海峡に示されているメッセージについて紹介し、地球温暖化対策に絞って記述することにします。

英国南西部チボルトンのクロップサークル

２００１年８月14日、人の顔らしきものがクロップサークルに描かれました。同年８月17日同じ場所に別の図形が描かれ、それは宇宙学者カール・セーガン博士がメッセージとして宇宙に送ったものと同じ方式で描かれた、明らかな「神」からの返事だったのです。

1から10までの数字
水素・炭素・窒素・酸素・リンの原子番号
デオキシリボ核酸（ＤＮＡ）のヌクレオチドに含まれる糖と塩基の化学式
ＤＮＡに含まれるヌクレオチドの数
ＤＮＡの二重螺旋構造の絵
人間の絵と人間の平均的な身長

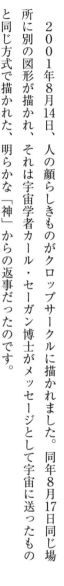

地球の人口・太陽系の絵
アレシボ電波望遠鏡の絵とパラボナアンテナの口径

以上がカール・セーガンのアレシボ・メッセージです。受け取ったメッセージには、彼らに関する同じ項目について書かれていました。

翌年の同じ日に別の絵が米国東海岸のニューハンプシャーで発見されました。

ＥＴの絵と共にメッセージが含まれると思われる、ＣＤのように見えるものも描かれていました。そこに描かれた螺旋コードも翻訳するとアスキーコード（コンピューターに広く使われている文字コード）とわかり、メッセージ内容もわかりました。内容は英語で、次のように書かれていました。

偽の存在であること、破られた約束に気づけ
多くの痛み、まだ時間はある
まだそこに善があることを信じろ
欺きに抗議する
パイプconduitは閉じられようとしている

ミステリーサークルが人の仕業でないなら、これらのメッセージは単に知的人間のいたずらではないとも考えられます。

はやし浩司氏のライン理論とナスカ理論の登場

YouTubeなどで、休むことなく人類の歴史に存在するさまざまな謎、あるいは教育問題などについて発信されているはやし氏の活動については、多くの賛同者が存在し、私自身も、その活動に関し、尊敬以外の感情を持てないでいるのですが、その彼が打ち出している情報のうち、ライン理論とナスカ理論について、私自身の言葉で簡単に説明します。そして後に述べるように、ベーリング海峡の秘密はこの二つの理論によって解読されたのです。

はやし浩司氏のライン理論とは、以下のようなものです。

「世界の古代遺跡などを線で結ぶと、一直線上に並ぶなど、多くが幾何学的に配置されている。複数の遺跡が有意に幾何学的に接続されている状況を見ると、それらは何か知的な存在（神）が意図的に配置したものであると、客観的に認識できる」

はやし浩司氏のナスカ理論とは、以下のようなものです。

「ナスカ高原に引かれているさまざまな直線のうち、近代の人間が引いた道路などを除くと、直線は世界の古代遺跡などを指し示していることが多い。あるいは、世界の著名な遺跡の多くはナスカ高原の直線、あるいはその直線を通じて他の遺跡と関係づけられる。この意味で、ナスカ高原の直線群は、人類と神との関係の歴史書である」

次に、このライン理論等によって、世界の著名な遺跡が、どのように他の遺跡と関連づけられているか、少しだけ見ておきましょう。これらのほとんどははやし氏の発見です。

●ギザのピラミッド

エジプト・ギザにあるピラミッドは、他の遺跡と直線でつながっている。その並びはこのようになっている。

イースター島・ナスカ高原・ギザのピラミッド・モヘンジョダロ・プレアヴィヒア（プレアヴィヒアは現在はヒンズー教の寺院で世界遺産）

ギザの第一、第三ピラミッドを結んだ線から垂線を引くと、それはメキシコのティオティワカン遺跡を直撃する。ティオティワカンの参道をまっすぐ伸ばすとモヘンジョダロ遺跡を直撃する。モヘンジョダロの参道をまっすぐ伸ばすとギザのピラミッドにつながる。

ギザの第一ピラミッドから大仙陵に向けて線を引くと、大仙陵の縦軸に垂直に交わる。

●モーレア島

南太平洋タヒチ島のすぐ西にある島

モーレア島は逆正三角形をしており、その南の頂点から底辺におろした垂線（基本線）を伸ばしていくと、ハワイのマウイ島を通り、ギザのピラミッドに達する。モーレア島からこの基本線を反時計回りに60度回転させた線は、ポンペイ島、グアム島を通って、ルンビニ（仏教聖地）、モヘンジョダロ・メッカに達する。基本線を時計回りに60度回転させると、その線はティオティワカン、さらにもう60度回転させると、その線はイースター島に達する。モーレア島には聖山があり、南太平洋最大のパワースポットとされている。

●サーペントマウンド

サーペントマウンド（Serpent Mound）は、アメリカ合衆国オハイオ州アダムス郡、ブルシュ＝クリーク河谷（Brush Creek Valley）の東岸、川からの比高差30mの段丘上にある全長約４０４ｍ（蛇に見立てた場合のマウンドの全長は、約４３５ｍ）、墳丘の高さ１〜１・５ｍ、「胴部」の幅６ｍに達する蛇の形をした形象墳（effigy mound）である。アメリカ合衆国内で最大規模の形象墳。

サーペントマウンドは、ヘビのようにうねっているが、そのうねりの曲率の一番大きい場所をそれぞれ一つのポイントとし、しっぽのとぐろの中心点と結ぶと、その直線は、世界の重要な遺跡を指し示していることをはやし氏が発見した。

結ばれている遺跡は、ティオティワカン、ギザ、イースター島、モヘンジョダロ、カラクルム、北極点、ナスカ、大仙陵、それ以外のものもある。サーペントマウンドから大仙陵に引いた線は、大仙陵を正確に縦に二つに割る。

●大仙陵

縦のラインを伸ばすと、清水寺、比叡山を通りサーペントマウンドにつながる。このラインを大仙陵の方墳と円墳の交わる部分の中心を回転軸として時計回りに120度回転させると、クロスポイント南太平洋（はやし氏が提唱）を通り、ニュージーランドのルアペフ山に至る。クロスポイント南太平洋から120度の角度で北東に曲がると、ブライス・インターグリオス、カフキアマウンドという北米の重要遺跡を通って、サーペントマウンドに戻り、ワシントンD.C.に至る。

縦のラインに対し、回転軸から西に垂線を立てるとギザのピラミッドに至る。

縦のラインから回転軸を中心として反時計回りに120度回転させると、クロスポイントチャイナ（はやし氏が提唱）を通って、殷墟、ギザに至る。

このライン理論は複雑で、精緻で、世界中に位置する数多くの遺跡を含むものです。私がベーリング海峡で発見したものをお伝えするには、これぐらいの前置きが適当なので、はやし氏の理論の説明については、さわりだけにしておき、ここで終わりにします。

ベーリング海峡で見つけたもの

私が、このはやし氏のライン理論に初めて触れたのは、2019年の2月ぐらいで、ちょうどG20での発表準備と、別の仕事を並行して進めていた忙しい頃でした。でも、この理論の面白さに魅かれ、はやし氏の動画を沢山見ていました。そして、ふと思いついたのが、ベーリング海峡が地球の気候を決定する非常に重要な場所なのであれば、ベーリング海峡に、神のラインが引かれていたり、あるいはベーリング海峡がナスカの地上絵の中に示されていたりしないだろうか、ということでした。そこで、私は直接、はやし氏に連絡をとり、はやし氏がベーリング海峡について何か調査されていないかを聞きました。すると、はやし氏はまだ調べていないのでやってみなさいとのことでしたので、私は自分ではやし氏がやられたことと同じ作業をしてみようと思いました。

そんなに難しい作業ではありません。自分でグーグルアースを開いて、大仙陵とサーペントマウンドを結ぶ直線を引いてみました。すると、その直線は、大仙陵から、清水寺と比叡山を通過し、三内丸山遺跡を通って、ものの見事に、ベーリング海峡の中心部にあるダイオミード島を横切っていたのです。

これだけでも十分に驚いたのですが、次に私は気になっていたもう一つの直線も調べてみました。南太平洋のモーレア島からハワイを通ってギザに伸びている直線が、北極のどこを通っているか確認したかったのです。するとこの直線も見事にダイオミード島の上を通過していたのです。

そしてあとではやし氏に教えていただいたのですが、この二つの直線は完全に直交している、90度で交わっているということでした。四つの大事な古代遺跡が、北極のうえで綺麗な十字を描き、その中心にベーリング海峡の中心点ダイオミード島があったのです。

次いで、私は、ナスカ高原の地上絵の中に、ベーリング海峡を指し示す直線がないかを確認しました。はやし氏のナスカ理論によると、ベーリング海峡が大切な場所なのであれば、その場所がナスカ高原上の直線で示されているはずだからです。ナスカ高原には沢山の直線がありますが、ダイオミー

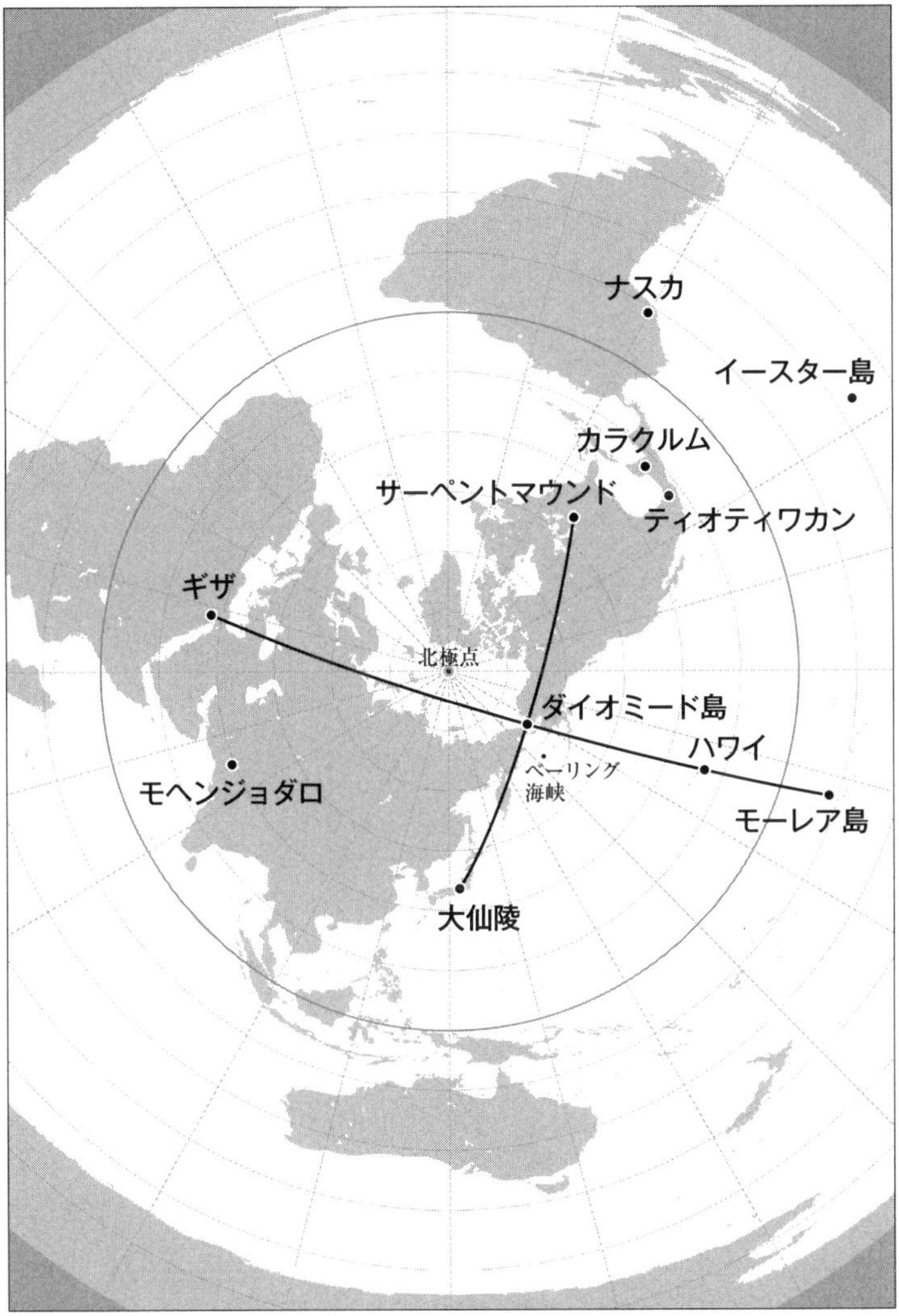

北極点を中心とした正距方位図法の地図上に関連のある古代遺跡を示した。４つの遺跡をつなぐ線は地図上では曲線で表示されるが、地球上では直線であり直交している。ダイオミード島から、大仙陵、サーペントマウンド、モーレア島、ギザへの距離はほぼ1:1:2:2となる

ド島から引いた直線に、完全に重なる直線は簡単には見つかりませんでした。しかしながら、幅広く探していると、もしかしたらこれではないか、という線が2本みつかりました。そしてそのうちの1本については、間違いなくダイオミード島を指したものでした。

なぜそれがわかるかというと、ナスカ理論によれば、関連する古代遺跡は、指し示す線が重なったり、あるいは共通のプラットホーム（四角い図形です）に集められたりしているというのです。ダイオミード島からの1本の直線は、他に、大仙陵、サーペントマウンド、カフォキアマウンド、ワシントンD.C.からの線が結ばれているプラットフォームに結ばれていました。これで、ダイオミード島と、いくつかの遺跡には、強い関連があることが確認できました。

この事実をどのように解釈するか

人類と神々の歴史、あるいは今後の人類と神々の関係について、私は幅広く論じる力を全く持っていないことを吐露しなくてはなりません。しかしながら、地球温暖化対策という観点、あるいは地球の温度をコントロールするシステムとしてのベーリング海峡ダムづくりという観点からは、私も自分の意見を述べなくてはなりません。

私が申し上げられることはただ一つです。我々は、これまで、神々によって守られてきたということです。はやし浩司氏の動画などを、皆さんも、しっかりと見て、自分の心で考えていただきたいのです。頭ではなく心で。そうすると、神々が今までも我々の文明の発展に手を差し伸べてくださっていたことがわかってきます。日本の神道や仏教、さらには多くのイスラム教やユダヤ教、キリスト教などに関連する遺跡がラインで結ばれ、ナスカ高原に示されているのです。さまざまな宗教の成り立ちに神々がおそらくかかわった、そしてその地域の文化や習俗、歴史にふさわしい宗教をそれぞれの場所で与えられたのではないかと、私は考えてしまうのです。ですから、神々がこのタイミングで、我々にベーリング海峡を指し示しているのなら、我々はその事実をしっかりと認識して、今何をすべきなのかを考え、人類の未来を決める決断・行動を行う必要があります。

あとは、私の限られた力の中でいかに解釈を行っても、問題を複雑にするだけだと思います。

今は事実だけをお伝えしようと思います。私は昨年２０１９年の6月11日、清水寺のすぐ近くで行われたG20サミット・諸宗教フォーラムで、要請されて、地球温暖化対策について、世界各国の宗教界の代表の皆さまに対し、世界みどり公社・ベーリング海峡ダムのお話をさせていただきました。そして、参加者の皆さまから大きな激励の声をいただいたのです。私がそこで十分な働きができたかは別として、諸宗教者会議後に私がＨＰで行った報告を次節で紹介させていただきます。

G20諸宗教フォーラム（山口かつやのホームページより）

私がこの場にパネリストとして参加させていただけたのは、これまでにも国際会議に招待されていたこと、いくつかの宗教の場あるいはロータリークラブなどで講演を行ってきたこと、あるいはその内容によるものだと思います。私たちエコシステム研究会のメンバーが最初に世界を地球温暖化から救う方法として、基本的には四つの手段を指摘してから、十数年経ち、その一部は再生可能エネルギーを運ぶ世界的なネットワークという形で実現しつつあるものの、他の3点については、それらを超える手法が現在まで提案されていないところから、私はこれらの提案を確信をもって発言し続けなくてはならないと思っていました。そこで、今回の諸宗教フォーラムにおいても、これまでの主張をより簡潔にして参加者の皆さまにお伝えしました。

そしてその会議の場で、私が最初に申し上げたのは、私にこの場で発言する機会を与えてくださったことへの感謝と、そして次の重要な言葉です。

「今から申し上げる手段によって、地球温暖化がコントロールできることについては、私は確信をもっています。しかしながら、私の心配は、人類が全体として、地球温暖化と闘うための

手法を理解し、心を一つにしてそれを実現していけるか、という点です。その意味で、私は今日ここにお集まりになった、世界の宗教指導者の皆さまのお力をお借りしたいと思い、今日の発表を行います」

私はこのように申し上げたのです。

私のプレゼンを終えた後、多くの質問をいただき、そしてセッションを終えた後には、参加者、とくに海外の参加者から、素晴らしいプレゼンだった。詳しい内容を知りたいので、あなたのＨＰを見ますなど、非常に好意的な反応をいただいたのです。

そして、私が重要な経験をしたのは、この後でした。今回のフォーラムの内容については、とりまとめて、提言書をＧ20を主催する安倍首相に手渡す、ということは聞いていましたが、百数十人いる多くの宗教指導者の参加者の意見のとりまとめに、私が参加したり、意見を出したりすることができるとは思っていませんでした。そこで私は、フォーラムの提言書を採択するセッションに、事前準備なく、いわば手ぶらで参加したのです。

そのセッションにおいては、まず、最終セッションのタイムスケジュールが説明されました。時間については正確に記憶していないのですが、だいたいこんな感じで説明されました。これから20分ほど事務局が作成した提言書案について、前半は日本語、後半は英語で説明し（もちろん同時通訳付きですが）、10分ほど、この会場で質疑を行う。それから30分ほどで、事務局が正式な提言書を作成したあと、会場の皆さまとともに、フォーラム会場のホテルから清水寺に移動し、そこで多くの関係者を集めたイベントと、マスメディアへの提言書の発表を行う予定になっている、というものでした。すなわち、提言書の発表まで、もうほとんど時間が残されていない状態だったのです。

そのような状態で、事務局が読み上げ始めた提言書案には、私の発表内容が全く反映されていなかったのです。多くのセッションの内容を手短にまとめた提言書でしたから、他の多くの発表者も自分の提言が入っていないという不満を持たれるものだったと思います。そのような状況は理解していたのですが、私は自分の提案が、世界の未来に大きな影響を与えるものだと知っていて、なおかつ私をこの場所に押し出してくれた人が誰かいるということを強く感じていましたから、この150人以上の世界中の宗教指導者の集まった場で、手を上げ、何とかしてこの提言書を修正し、自分の提案の一部でも入れようと、努力を始めました。まず、原案に気候変動対策として書き込まれている内容を、言葉や表現を変え、3分の2程度の長さに縮めることに成功しました。そしてその空いた1行という隙間に、自分のアイデアの中の一つ、化石資源の世界的な専売制を、世界一律のカーボンプライシングを実現するものとして押し込もうとしたのです。

しばらく押し問答をしながら、とりあえず、ということで私の言葉が提言書の中に入りかけた時に、一人の日本人が手をあげて、「私は宗教者だが、環境省のさまざまな会議にアドバイザーとして参加している。しかしながら、化石資源の専売制については環境省としてまだ議論をしたことがない。そのような内容が提言書の中に入ってくると、環境省としてはとても困るのではないか。世界一律のカーボンプライシングということなら議論をしたことがあるので、そこまでなら入れていいと思う。（ここからが驚いたのですが）それ以上具体的な提案を入れると、他のさまざまな学者の研究を否定することになるので良くない」

それに対して私は、「世界一律のカーボンプライシングは必須であるが、化石資源の専売制には、炭素価格をつける他の方法と比べて多くの重要なメリットがある。ぜひ私の講演を聞いてくださった会場の皆さんの声を聞いてほしい」と言いました。しかしながら、次の会場からの発言は同じく日本人で、「多くの提案がなされている中で、一つの提案だけについてこれ以上時間を使うのはどうかと思う」というもので、かなり時間を使っていることに苛立っている雰囲気を漂わせていました。私は、この諸宗教フォーラムの中で、どこまで自分が我を通していいかわからないこともあり、司会者が私の考えを取り上げることよりも、早く提案書を完成させることに向いていたので、私はそこで、主張することをやめたのです。

しかしながら、ここからが、私がここで本当に書きたかったことなのですが、私が主張をやめた瞬間に、会場から大きなブーイングが沸き上がりました。議論が日本語で行われていたので、（同時通訳はあったのですが）議論に入ってこられていなかった外国人参加者は、私の主張を排除した運営側と、主張をそこでやめた私に対して大きなブーイングをしたのです。私に対して「もっとやれ」と、言ってくれていたのです。司会が先に進んでしまったので、私はそれから後を続けることはできなかったのですが、自分の心の中には、会場の人たちが認めていてくれていることを知っていたなら、もっともっと主張を続けるべきだったという後悔が生まれました。もし、私が経験を積んでいる外国人の研究者であったなら、清水寺に向かおうとしているバスも、マスメディアの人たちも待たせて、議論を続けていたことでしょう。私には、「他の研究者の意見をすべて否定することになる」という言葉を打ち返せる「ここで絶対に決めなければ」という決意が足らなかったのだと今になって思います。

結果的に、G20サミットの首脳宣言には、世界一律のカーボンプライシングという言葉も残りませんでしたから、諸宗教者会議からの提案書に化石資源専売制を入れることができたとしても、その後の議論にどのような影響を与えられたかはわかりません。しかしながら私としては自分のできることを力の限りやりつくしたという感覚を得ることができず、もやもや感は残りました。そのセッションの後、休憩中に、ある日本人の参加者から「山口君、やはり化石資源の専売制という言葉は入れるべきだったね。私もあの時に何か言ってあげればよかったのだが」と声をかけられたのが心に残りました。また、日本人の僧侶の方が「国際的な会議では、日本ではうるさいと思われるぐらいに発言する人でなければ役に立たないんですね」などと話

されていたのも印象的でした。

その後、さまざまなイベントを経た後の閉会式で、諸宗教会議の前事務局長がされたご挨拶が大変印象に残りました。「いま、ここに集まられた方で、現在の世界が崩壊に瀕していると感じていらっしゃらない方はいないでしょう。そして、もしあなた方が、この世界の崩壊に際し、何もしなかったとしても、それを非難できる人は誰もいないでしょう。しかしながら、今日ここに立って、美しい世界を眺め、多くの人々の笑顔を見ておられる皆さんは、この世界がこのまま続いてほしいと心から願っていらっしゃると思います。そのためであれば、我々は世界を救おうとする人間のさまざまな努力や、神の救いの手に対し、それに光を当てて調べるのではなく、その霧の向こうの手をしっかりと握りしめるような態度が必要になると思います。皆さんの、世界を守るために働きたいと強い思いを、これからの日常生活の中でも強く持ち続けていただきたいと思います。今回の会合はこれで終わりました。しかしながら、我々の世界を守るための仕事はこれからも続いていきます。次回はサウジアラビアでまたお会いしましょう」

本当に素晴らしい方々に沢山会えた、そして私のアイデアが世界で受け入れられるものであることを確信できた諸宗教者フォーラムでした。

最後に

私が昔々、ブログに書いた文章を、この本を読んでくださった読者の皆さまへの最後のご挨拶として載せておきます。

皆さま、この本を読んでいただき、本当にありがとうございました。

山寺で考えたこと

5月の末に、東北を訪れた機会に、昔から、一度は見に行った方が良いといわれていた、立石寺（通称　山寺）に参拝する機会を得た。

水墨画によく描かれている黄山にも似た、巨大な岩でできた山肌の上に、杉やさまざまな落葉樹がうっそうと生い茂り、千段を超える石段が、その木々の中を縫って上り、私を本堂まで導いてくれる。その石段の脇に、草と名前も知らない可憐な野花に隠されながら、見事な石仏が沢山置かれてあった。その石仏の、すべての苦しみを味わいながらそこから抜け出たような、不思議な優しい微笑みを見ていると、自分の心の中にあった、さまざまな苦しみや怒りや悲しみが、少しずつ溶かされていくような気がした。

火の鳥「鳳凰編」で、手塚治虫が描いた寺は、ここがモデルになっていたのではないかなどと考えながら、本堂の近くまで上がると、階段と、杉と山門が、神聖感のある、落ち着いた美しいアングルを形作っている。階段を昇るほとんどの人がそこで足をとめ見入っていた。

本堂で、よくこんな高い場所に担ぎあげたと驚くほど巨大な金銅仏に参拝してから、眺望のある場所まで出た。霞みながら幾重にもまわりを取り囲む山々の中に、東北の様式を残した民家や田畑が広がる、のどかな様子を見ることができた。

その時、私はその場所が急に、私が新婚旅行の時に訪ねたバチカンの教会の中と重なって見えた。そこに流れている空気が、教会の中に流れていた空気ととても似ているのに気がついたのだ。あのときのミサの音楽が、耳元で同じように鳴り響くような思いがした。私は、これと似た経験を別の場所でしている。丹波篠山のチルドレンズミュージアムに行った時、そこは聖地、というわけではないが、そこに、非常に温かな、心を包み込むような特別な空気、というか雰囲気が流れているのを感じたことがあった。

そして、私はそのとき考えた。私はイスラムのモスクは行ったことがないけれど、もしかしたら、世界の聖地という場所には、みな同じような空気が流れているのではないかと。人々の平和と心の平穏を願う気持ちには、人種や宗教の差なんてないのではないかということを、痛切に感じたのだ。問題を起こすのは、宗教を利用して、自分の正統性をあくまでも主張し続ける人間の心の別の働きではないかと思った。

だから、私は、すべての世界の宗教は理解しあえると、心の底から感じた。

私は、蝋燭に「地球温暖化が止まりますように」と書いて奉納した。人間の心の一体性が、現在の苦境から人類を救ってくれることを祈りながら。

地《ち》球《きゅう》温《おん》暖《だん》化《か》、北《ほっ》極《きょく》危《き》機《き》、そして神々《かみがみ》の気《け》配《はい》

2020 年 8 月 17 日　初版第 1 刷

著　者 ―――――――――― 山《やま》口《ぐち》克《かつ》也《や》
発行者 ―――――――――― 坂本桂一
発行所 ―――――――――― 現代書林
〒162-0053　東京都新宿区原町 3-61　桂ビル
TEL ／代表　03 (3205) 8384
振替 00140-7-42905
http://www.gendaishorin.co.jp/
デザイン ――――――――― 中曽根デザイン

印刷・製本：(株) シナノパブリッシングプレス
乱丁・落丁はお取り替えいたします。

定価はカバーに
表示してあります。

ISBN978-4-7745-1864-0 C0034